After Effects CS6 电视包装实例解析

杜宁 ◎ 主编　　苗壮　司阳 ◎ 副主编

- ■ **专家编写**
  本书由多位一线电视台栏目包装师结合实际应用经验精心编写而成
- ■ **实用性强**
  本书实例为电视包装项目全景展示，具有极强的专业性、知识性和实用性

实例解析　详解知识点

海洋出版社
2012年·北京

8例 工程文件　　16组 必备光效

345 分钟 视频教学

内 容 简 介

本书是一本以精彩、专业、实用的实例介绍 After Effects CS6 在电视包装领域的应用与技巧的教材。

全书共分为 9 章，首先介绍了影视后期的基础知识和 After Effects 的基础操作和合成方法；然后通过电视包装解析、我是军人、时尚蓝色演绎、招考就业大咨询、TV 音乐频道、寓教于情 润物无声、金玉满堂和吉林教育电视台等 8 个综合实例，强化电视包装设计师的综合应用能力，使读者掌握影视合成技术的一些基本技能，包括 After Effects CS6 内置特效的应用、蒙版特效应用、摄影机动画应用、外置插件 Trapcode 系列以及灯光工厂插件的组合应用。

超值 1DVD 内容： 合成素材、范例源文件以及视频教学文件等。

适用范围： After Effects 影视后期、电视包装专业课教材，社会 After Effects 影视特效制作、电视包装培训班教材，也可作为广大初、中级读者实用的自学指导书

图书在版编目（CIP）数据

After Effects CS6 电视包装实例解析 / 杜宁，苗壮，司阳编著 . —北京：海洋出版社，2012.11

ISBN 978-7-5027-8431-7

Ⅰ．①A… Ⅱ．①杜…②苗…③司… Ⅲ．①图象处理软件—教材 Ⅳ．① TP391.41

中国版本图书馆 CIP 数据核字（2012）第 250004 号

总 策 划：刘 斌		发 行 部：	（010）62174379（传真）（010）62132549
责任编辑：刘 斌			（010）68038093（邮购）（010）62100077
责任校对：肖新民		网　　址：www.oceanpress.com.cn
责任印制：赵麟苏		承　　印：北京朝阳印刷厂有限责任公司
排　　版：海洋计算机图书输出中心 申彪		版　　次：2012 年 11 月第 1 版
		2015 年 9 月第 2 次印刷
出版发行：海洋出版社		开　　本：787mm×1092mm 1/16
地　　址：北京市海淀区大慧寺路 8 号（716 房间）		印　　张：17.25（全彩印刷）
100081		字　　数：414 千字
经　　销：新华书店		印　　数：4001～6200 册
技术支持：（010）62100055		定　　价：88.00 元（含 1DVD）

本书如有印、装质量问题可与发行部调换

本书编委会

主　编：杜　宁

副主编：苗　壮　司　阳

编　委：费　腾　方　毅　陈永利　蔡　丛
　　　　徐　琦　崔浩玉　张琳琳　徐小超
　　　　王　勇　党子威　姚国强　于　钱
　　　　齐淑玲　贾世俊　徐建鹏

策　划：吉林教育电视台

序

作为数字影视的一个重要分支，电视包装从 90 年代初期进入我国，近十几年来得到了长足发展，伴随着国家政策对影视制作的扶植，影视媒体的不断加速发展，影视后期制作的培训机构的不断增多，电视包装业已经日趋走向成熟化、专业化、产业化。

电视传媒业的快速发展，加速了电视包装业的快速发展。优秀的电视包装作品不仅可以增强电视观众对频道的识别能力，更重要的是在众多的电视媒体中确立自己的品牌地位，用最快捷、最直观的方法向广大电视观众推介自身频道的理念。国家在"十二五"规划中提出，"推进文化产业结构调整，大力发展文化创意、影视制作、出版发行、印刷复制、演艺娱乐、数字内容和动漫等重点文化产业"，充分表明我国着力发展文化重点产业的决心。我们有理由相信，"十二五"期间将会迎来电视包装业发展的黄金期。

吉林教育电视台作为省级电视专业媒体，以"树立大教育观，服务全社会，遵循电视规律，办教育特色节目"为办台宗旨。电视包装在吉林教育电视台的发展历程中发挥了重要作用，在美化荧屏的同时也提升了吉林教育电视台在社会上的品牌影响力。本书作者大学毕业后直接进入吉林教育电视台工作，可以说他是在工作中学习，在实践中成长，在成长中提升，不断的努力和钻研使其在电视包装方面掌握了很多属于自己的学习方法和实用技巧，为吉林教育电视台的荧屏形象设计做出了卓越的贡献。伴随着吉林教育电视台的发展，其技术经验与艺术创意也不断升华，设计作品在国际及国内比赛中屡次斩获各种奖项。书中精选的案例源于作者执行的实际制作项目，汇集了作者多年来从事影视片头、栏目包装制作的全部实战经验，具有较高的参考价值。

中国的电视包装业尚在发展中，对电视包装从业人员的意识形态养成、软件使用技巧、实际操作动手能力的要求也日趋严格，希望通过对本书实践内容的学习，在给读者带来启发的同时，能够共同推动电视包装这个行业的快速发展。

宫 伟

吉林教育电视台 台长/总编辑

前言

近几年来，电视包装业在我国得到了快速发展，伴随着后期合成技术的日益普及，投身于电视包装行业的爱好者也越来越多。目前市场上关于 After Effects 学习的书籍琳琅满目，不乏一些枯燥无味的命令讲解或一些令人望而却步的长篇大论，缺乏实用性，使一些读者学习后思路更加模糊。本书所有实例主要来源于作者在电视台从业多年实际工作中的知识累积和经验分享，内容丰富、结构清晰，极具学习和使用价值，希望能够给刚刚步入电视包装行业或致力于从事电视包装的读者带来帮助。

本书创作所使用软件为 After Effects CS6 版本，主要针对有一定后期软件基础的人员学习使用，也可作为中高等院校以及社会相关影视培训机构的教材使用，本书实例着重强化电视包装设计师的综合应用能力，使读者掌握影视合成技术的一些基本技能，包括 After Effects CS6 内置特效的应用、蒙版特效应用、摄影机动画应用、外置插件 Trapcode 系列（Particular、Shine、Starglow、3dstroke）以及 Knoll Light Factory 灯光工厂插件的组合应用。随书附带 1 张 DVD 光盘，其中包含了书中章节所涉及的 8 个实例的素材源文件和精彩视频操作演示，并且随光盘赠送"16 组设计师必备光效"素材文件，方便读者日后的学习和工作使用。

本书内容由 9 章组成，第 1 章为基础知识篇，主要使读者了解影视后期的基础知识和软件的基础操作以及合成的基础理念方法；第 2 章至第 9 章主要通过 8 个精彩实例向读者介绍每个实例详细的制作过程，旨在提高读者的创作思维和知识技能。在每个实例开篇均介绍本章学习的重点及创作意图，并在步骤操作过程标注图例指导，且针对技术难点标记知识点详解。希望读者在学习过程中培养学习兴趣，了解相关特效的应用技法，不拘泥于个别特效参数的死记硬背，应活学活用。

本书由杜宁主编，苗壮、司阳为副主编。其中杜宁负责编写了本书第 1～7 章内容，苗壮编写了本书第 8 章内容，司阳编写了本书第 9 章的内容。

在此特别感谢杨双贵、邹华跃、刘斌、毕瑞军、邓集慧、李传海、刘伟、邱邦新、齐淑华、李鹏、高艳峰等几位老师在本书撰写及出版过程中给予的帮助。

由于时间仓促，本书在撰写过程中难免会有不妥之处，恳请广大读者批评指正。

编　者

效果图欣赏

After Effects CS6 电视包装实例解析

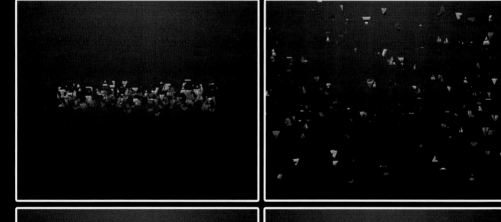

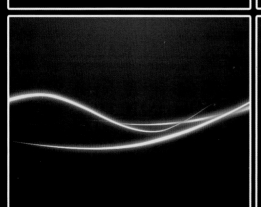

效果图欣赏

Chapter 3 　我是军人

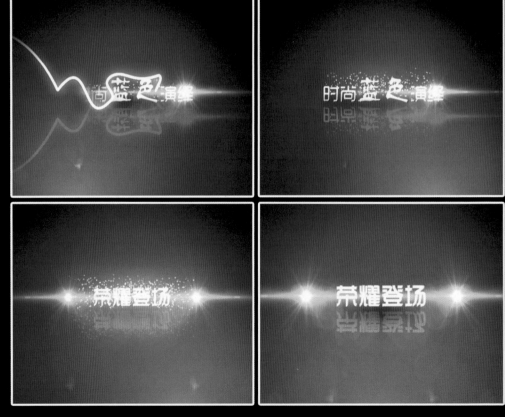

Chapter 4　时尚蓝色演绎

效果图欣赏

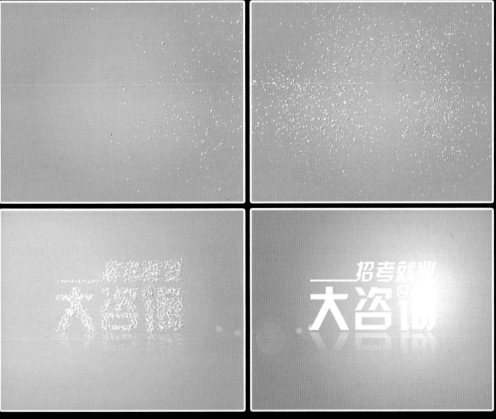

Chapter 5　招考就业大咨询

Chapter 6　TV音乐频道

效果图欣赏

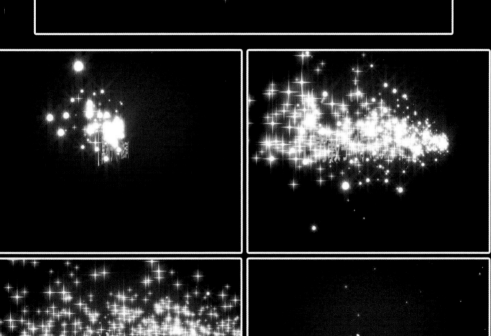

Chapter 7　寓教于情、润物无声

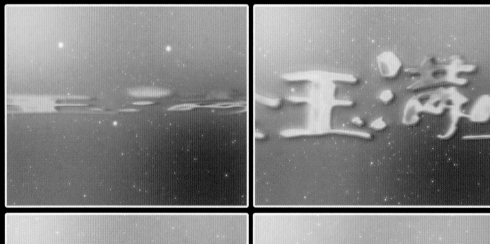

Chapter 8　金玉满堂

效果图欣赏

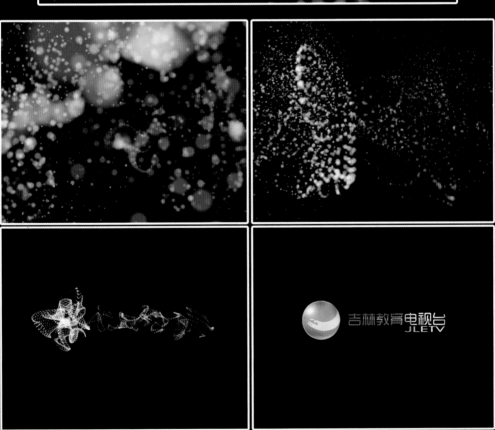

Chapter 9　吉林教育电视台

16组必备光效欣赏

After Effects CS6 电视包装实例解析

16组必备光效--NO.01

16组必备光效--NO.02

16组必备光效--NO.03

16组必备光效--NO.04

16组必备光效--NO.05

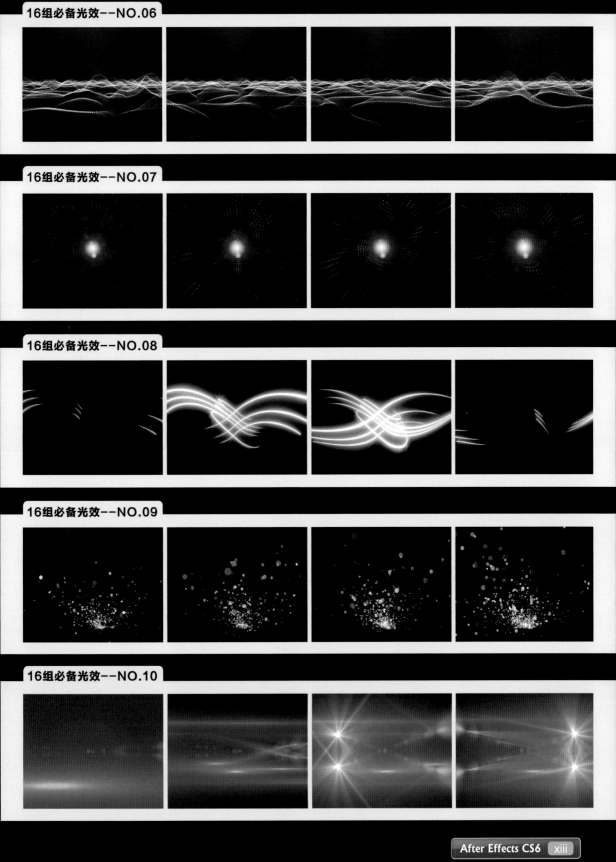

16组必备光效--NO.11

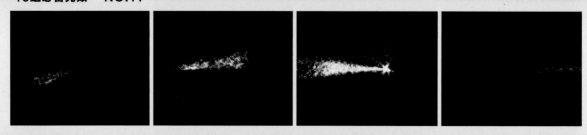

16组必备光效--NO.12

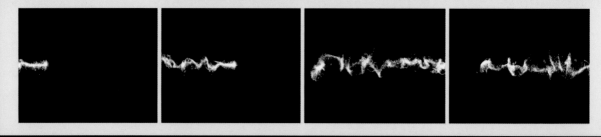

16组必备光效--NO.13

16组必备光效--NO.14

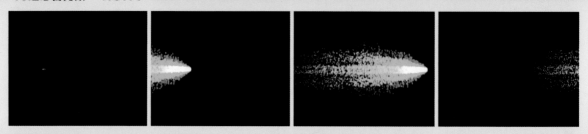

16组必备光效--NO.15

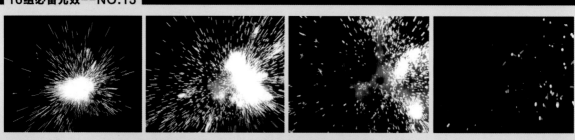

16组必备光效——NO.16

   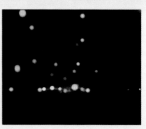

配套光盘说明

  本书附带1张DVD配套光盘，其中包含了书中所有实例源文件、实例视频小样、实例所需字体及随书赠送的16组必备光效，便于读者学习使用。

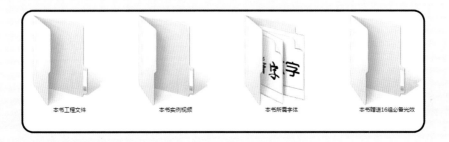

目录 CONTENTS

Chapter 1　After Effects电视包装概述

1.1　电视的制式 002
1.2　帧的概念 003
1.3　场的概念 003
1.4　像素宽高比 004
1.5　After Effects CS6 界面布局 004
1.6　After Effects CS6 参数设置 007
1.7　层混合模式介绍 012

Chapter 2　电视包装实例解析

2.1　创建合成背景画面 030
2.2　创建文字添加特效 034
2.3　制作文字动画效果 039
2.4　制作流光动画效果 042
2.5　制作转场扫光效果 052
2.6　添加声音渲染输出 057
2.7　本章小结 058

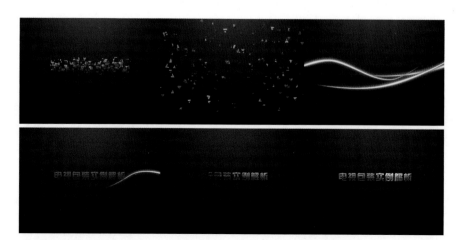

Chapter 3　我是军人

- 3.1　导入背景素材文件 060
- 3.2　创建"我是军人"文字 063
- 3.3　为"我是军人模糊层"添加特效 065
- 3.4　添加 Track Matte（轨迹蒙版）..067
- 3.5　切换合成视图显示模式 069
- 3.6　为文字创建立体效果 075
- 3.7　添加摄影机动画 078
- 3.8　制作 Light Factory 光效动画 080
- 3.9　添加声音合成渲染输出 084
- 3.10　本章小结 085

Chapter 4　时尚蓝色演绎

- 4.1　创建合成背景画面 087
- 4.2　创建文字添加特效 090
- 4.3　导入光晕动画素材 095
- 4.4　制作 VEGAS 流光动画 097
- 4.5　制作 CC 粒子动画效果 102
- 4.6　添加灯光效果 119
- 4.7　添加摄影机动画 120
- 4.8　添加声音合成渲染输出 122
- 4.9　本章小结 123

Chapter 5　招考就业大咨询

- 5.1　创建合成背景画面..125
- 5.2　导入招考 LOGO 素材..127
- 5.3　制作 LOGO 聚合动画..129
- 5.4　制作光晕动画效果..136
- 5.5　添加声音合成渲染输出..143
- 5.6　本章小结..144

Chapter 6　TV音乐频道

- 6.1　创建文字并添加特效..146
- 6.2　制作凹凸动画效果..152
- 6.3　"TV MUSIC CHANNEL"文字并添加特效................................160
- 6.4　导入"话筒"素材..163
- 6.5　添加 CC 粒子仿真系统特效..172
- 6.6　添加声音合成渲染输出..174
- 6.7　本章小结..176

Chapter 7　寓教于情、润物无声

- 7.1　创建视频合成背景 178
- 7.2　创建文字并添加特效 183
- 7.3　创建星光动画 188
- 7.4　创建三维摄影机 192
- 7.5　添加声音合成渲染输出 197
- 7.6　本章小结 198

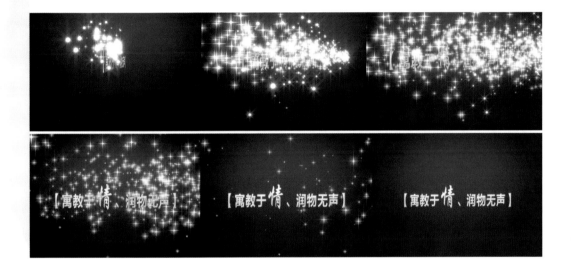

Chapter 8　金玉满堂

- 8.1　创建"金玉满堂"文字 200
- 8.2　为"金玉满堂文字合成层"创建蒙版动画 206
- 8.3　为"金玉满堂文字蒙版动画"层添加金属材质效果 216
- 8.4　制作画面动态背景 220
- 8.5　制作镜头光晕效果 228
- 8.6　添加声音合成渲染输出 231
- 8.7　本章小结 232

Chapter 9　吉林教育电视台

9.1　导入"JLETV LOGO"素材 234
9.2　添加 Trapcode Particular 插件特效 238
9.3　设置 Trapcode Particular 插件参数动画 240
9.4　创建三维摄影机动画 246
9.5　添加声音合成渲染输出 252
9.6　本章小结 254

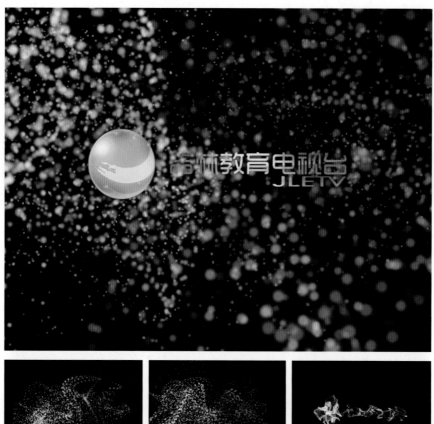

 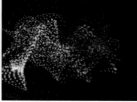 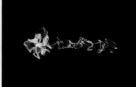

After Effects 电视包装概述

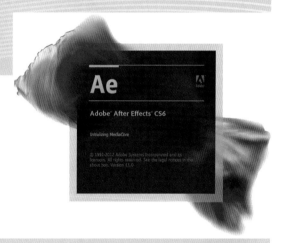

本章学习重点

- 电视的制式
- 帧的概念
- 场的概念
- 像素宽高比
- After Effects CS6 界面布局
- After Effects CS6 参数设置
- 层混合模式介绍

1.1 电视的制式

电视的制式就是指电视信号的标准。全球用于彩色电视广播主要有 PAL 制、NTSC 制和 SECAM 制这 3 种制式。并且这 3 种制式并不相互兼容，如在 PAL 制式的电视上播放 NTSC 制式或 SECAM 制式的时候电视画面将不能正常显示，其原因是制式间帧频（场频）、分解率、信号带宽以及载频、色彩空间的转换关系不同。下面针对这 3 种制式分别进行简要的介绍。

1. PAL制式

PAL 制式是英文 Phase Alternating Line 的缩写，它采用"逐行倒相"正交平衡调幅的技术方法。所谓"逐行倒相"是指每行扫描线的彩色信号跟上一行倒相，其作用是自动改正在传播中可能出现的错相，从而减少闪烁。因此，PAL 制式对相位失真不敏感，图像彩色误差较小，与黑白电视的兼容也好。目前采用 PAL 制式的国家主要有中国、中国香港、新加坡、德国、英国、荷兰、意大利以及中东一带等国和地区。在我国大陆地区所使用的是 PAL-D 制式。

- PAL 电视标准，每秒 25 帧，电视扫描线为 625 线，奇场在前，偶场在后。
- 标准的数字化 PAL 电视标准分辨率为 720×576，画面的宽高比为 4∶3，使用 24 比特的色彩位深。

2. NTSC制式

NTSC 制式是英文（National Television System Committee 美国电视系统委员会）的缩写，它采用"平衡正交调幅制"技术。这种制式的色度信号调制包括了"平衡调制"和"正交调制"两种，解决了彩色黑白电视广播兼容问题，原本存在相位容易失真、色彩不太稳定的问题。随着数字电视的普及，相位容易失真、色彩不太稳定的问题基本都得到了解决。目前采用 NTSC 制式主要有美国、墨西哥、日本、韩国、菲律宾、加拿大等国家和地区。

- NTSC 电视标准，每秒 29.97 帧（通常称 30 帧），电视扫描线为 525 线，偶场在前，奇场在后，隔行扫描。
- 标准的数字化 NTSC 电视标准分辨率为 720×486，24 比特的色彩位深，画面的宽高比为 4∶3，但是随着高清数字化的普及也有一些欧美国家将电视的宽高比调整为 16∶9。

3. SECAM制式

SECAM 制式是法文"Séquential Couleur Avec Mémoire"的缩写，又称塞康制。它采用按顺序传送彩色信号与存储恢复彩色信号方法，采用时间分隔法来传送两个色差信号。SECAM 制式的特点是不怕干扰，彩色效果好，但兼容性差。使用 SECAM 制式的国家主要为大部分独联体国家（如俄罗斯）、法国、埃及以及非洲的一些法语系国家等。

- SECAM 电视标准，每秒 25 帧，电视扫描线为 625 线，奇场在前，偶场在后，隔行扫描。
- 标准的数字化 SECAM 电视标准分辨率为 720×576，24 比特的色彩位深，画面的宽高比为 4∶3。

1.2 帧的概念

帧（Frames）是指视频连续画面中最小单位的单幅影像画面，相当于一张照片。PAL 制式的电视画面一秒由 25 帧组成，所以 PAL 制式的帧率就是 25fps，而平时所说的画面比例为 4：3 或 16：9，实际上指的是画面图像的长宽比。正是序列帧的连续播放构成了连贯的视频画面，如图 1-1 所示。

图1-1　序列帧画面效果

在使用 After Effects 软件之前需要设置正确的帧速率，从而保证视频画面流畅播放。如图 1-2 所示。

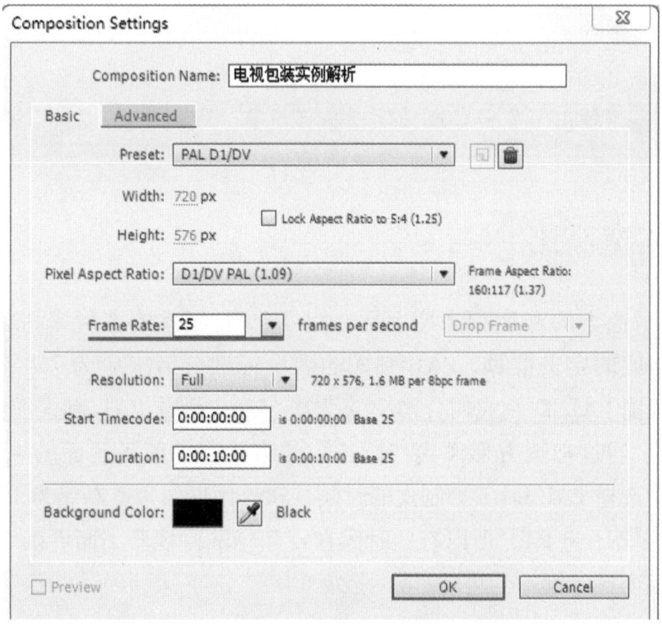

图1-2　设置帧的速率

1.3 场的概念

做电视包装一定要了解场（Fields），场是指针对视频的一个扫描过程，分为逐行扫描和隔行扫描两种。我国大陆地区采用的是 PAL-D 制式，扫描格式是隔行扫描，也就是说平时讲的每秒 25 帧，画面实际上由 50 个场构成。

场分为奇场和偶场两种，有时也称为上场和下场。一帧画面完整显示需要扫描两次来完成，扫描时由上至下扫描一次形成一个完整的场，先扫描奇数场后扫描偶数场，先显示一幅，再显示另一幅，从而完成一帧的扫描。下面通过图例更加直观的了解画面中的场的扫描过程。如图 1-3 所示。

图1-3　场的扫描过程

> **提示**　正确设置视频画面中的场序可以有效控制画面的抖动情况。当使用摄像机拍摄的视频素材时，视频素材都是带场的；当使用的是在三维软件中渲染的素材，输出时候可以有针对性地选择是否带场输出。
>
> 如果制作完成的片子在电视平台播出可以选择带场输出；如果制作完成的片子在电脑平台上播出可以选择无场输出，最大限度地保证画面质量。

1.4　像素宽高比

像素宽高比是指像素的宽度和高度之比。对于 PAL 制式的电视来讲，它规定画面宽高比为 4:3。根据宽高比的定义推算，PAL 制式的图像标准分辨率应为 768×576，这是在像素为 1:1 的情况下。我国 PAL-D 制式的分辨率为 720×576，因此 PAL 制式图像的像素宽高比是 768:720=16:15=1.07，通过把正方形像素"拉长"的方法，保证了画面的 4:3 的宽高比例。在 After Effects CS6 中选择 PAL D1/DV 制式的时候，软件预设像素宽高比为 1.09。需要注意的是计算机产生的图像像素比为 1:1，所以有些时候在视频标准监视器上面看画面会出现抖动现象，而在电脑显示器上画面显示则不会抖动。

1.5　After Effects CS6界面布局

After Effects 是美国 Adobe 公司的一款基于 PC 和 MAC 平台的影视后期特效合成软件，主要用于影视后期中 2D 和 3D 合成以及制作动画和视觉效果的工具。它适用于从事设计和视频特技的机构，包括电视台、动画制作公司、多媒体工作室以及广告公司等，在中国乃至全球都具有广泛的用户群。1993 年 1 月发布 After Effects1.0 版本，但是仅限应用于 MAC 平台；1997 年

5月发布After Effects3.1版本,开始应用于Windows平台;2007年7月发布After Effects CS3(After Effects 8)版本,2012年4月26发布After Effects CS6版本。

　　After Effects CS6关于Windows平台的系统基本要求,需要注意的是After Effects CS6版本需要64位操作系统的支持。在新版本中也增加了许多新功能,例如矢量图形直接转换成Shape图层,可以直接将Final Cut Pro和Avid项目文件导入到After Effects项目文件中;针对读者十分感兴趣的3D图层功能,After Effects CS6加入了在3D环境中混合2D图层功能,可以直接创建3D环境贴图、直接添加3D材质选项;增加了新的图层边界框与选择指示和新草图预览模式;而且针对许多内置特效升级到16-bpc与32-bpc色彩深度,包括Drop Shadow、Spill Suppressor、Timewarp、Transform、Set Matte、Photo Filter、Fill、Linear Wipe、Iris Wipe和Radial Wipe等特效,最大限度提升特效和色彩品质;摄影机添加了3D跟踪功能,针对蒙版遮罩的羽化增加了可变换宽度的调整;除此之外,After Effects CS6还重新整合了磁盘缓存功能,操作时不必再重新渲染任何已经预览生成过的部分了;增加了GPU加速预览特性与GPU加速的光线追踪渲染引擎,需要注意的是一些新功能需要个别专业显卡的支持。可以说新功能的增加极大地提高了工作效率。

　　After Effects CS6完整的界面由21部分构成,界面布局可以随意搭配组合,布局十分人性化,操作起来也十分方便快捷。如图1-4所示。

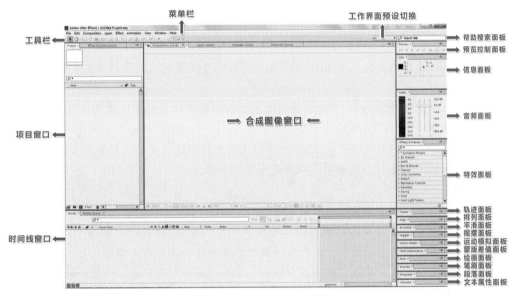

图1-4　After Effects CS6完整界面布局

- 菜单栏:包括After Effects CS6中所有的菜单命令,单击命令可以出现下拉菜单进行选择。
- 工具栏:包括平时操作经常要使用到的工具。可以针对合成素材进行选择、移动、缩放、旋转、添加蒙版、创建文字、绘制图形等操作。
- 项目窗口:在项目窗口(Project)中可以显示导入After Effects CS6中的所有视、音频素材文件以及创建的合成文件、图层素材等。还可以查看每个素材文件的类型、尺寸大小、时间长短、文件路径等信息以及对引入素材的搜索查找。
- 时间线窗口:在时间线窗口(Time Controls)中可以对素材文件进行合成剪辑、动画设置、特效添加、关键帧操作、尺寸控制、Mask蒙版添加、最终渲染生成等合成操作。这个窗口是平时工作最常用的控制面板。

- 合成图像窗口：通过合成图像窗口（Composition）可以直观看素材合成及特效添加之后的预览效果，并可针对单帧效果进行预览编辑。通过此窗口还可以对合成视窗进行显示比例调整、素材控制、3D视图切换、画面标尺显示、安全框显示等操作。
- 工作界面预设切换：通过工作界面预设切换（All Panels）选项可以快速设置After Effects CS6的界面布局，从而最大限度提高工作效率。
- 帮助搜索面板：通过帮助搜索面板（Search Help）可以针对实际操作中遇到的各种命令问题进行软件内部帮助检索，检索后可以得到相关问题的对应注解。
- 预览控制面板：通过预览控制面板（Preview）可以针对合成的素材文件进行视、音频预览播放，也可以对素材首尾帧进行快速查找，还可以控制预览循环画面及RAM内存预览方式。
- 信息面板：在信息面板（Info）中可以显示合成素材文件的颜色、透明度、坐标位置。当用鼠标拖拽一个素材文件时会显示该素材的文件名称、时间长度、入出点位置等信息。
- 音频面板：在音频面板（Audio）中可以显示音频素材播放时的音量大小，还可单独调节左右声道的音量。
- 特效面板：特效面板（Effect&Presets）包含了After Effects CS6的所有内置特效文件，通过不同特效的组合添加运用及参数修改，可以使合成画面达到所需的理想化效果。
- 轨迹面板：在轨迹面板（Tracker）中可以创建轨道、设定源层、目标层、设置跟踪类型和解析方式来完成运动物体的跟踪操作，运动结束后系统会根据跟踪结果自动生成运动关键帧。
- 排列面板：在排列面板（Align）中可以控制合成图像窗口中的素材沿水平轴或垂直轴排列分布。
- 平滑面板：通过平滑面板（Smoother）可以添加需要的关键帧或者删除多余的关键帧，从而消除画面中关键帧跳跃的现象。
- 摇摆面板：在摇摆面板（Wiggler）中可以通过素材的运动变化随机添加关键帧或在现有的关键帧中进行随机差值生成，从而使原来的属性值产生一定的偏差，形成新的随机运动效果。
- 运动模拟面板：在运动模拟面板（Motion Sketch）中可以通过捕捉鼠标的运动路线作为素材运动路径从而自动插入关键帧，需要注意的是运动捕捉要进入层窗口才能捕捉，合成窗口是不能捕捉的，该命令不会影响层的其他属性所设置的关键帧。
- 蒙版差值面板：使用蒙版差值面板（Mask Interpolation）可以建立平滑的遮罩变形运动，根据遮罩的形状变化创建平滑的动画效果，从而使遮罩的变化更加接近现实效果。
- 绘画面板：通过绘画面板（Paint）可以设置画笔的具体属性，可对绘画使用的颜色类型、透明度和持续模式进行设置和修改。
- 笔刷面板：在笔刷面板（Brushes）中可以设置笔刷颜色、类型、不透明度、笔刷粗细等，还可以调整笔刷的前景色和后景色，以及笔刷的混合模式。
- 段落面板：在段落面板（Paragraph）中可以设置文本层的段落形式，如段落缩进、段落间距、段落对齐等方式。
- 文本属性面板：在文本属性面板（Character）中可以对文本层字体类型、文字颜色、字号大小、字符间距等进行设置。

1.6 After Effects CS6参数设置

在对 After Effects CS6 正式操作之前,需要根据自己的工作需要和个人操作习惯对软件的一些基本设置进行适当改变,下面依次讲解 After Effects CS6 中的 Preferences(参数设置)含义。

执行菜单 Edit(编辑)| Preferences(参数设置)| General(常规)命令,此对话框中主要针对软件的常规参数进行设置。具体说明如图1-5所示。

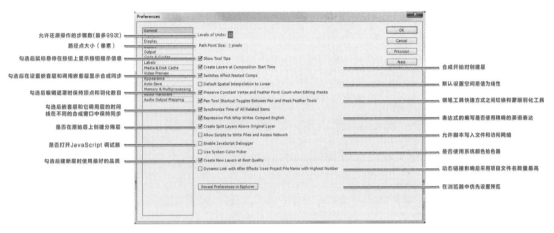

图1-5 General(常规)对话框设置

执行菜单 Edit(编辑)| Preferences(参数设置)| Previews(预览)命令,此对话框主要针对视频预览和音频预览参数进行设置。具体说明如图1-6所示。

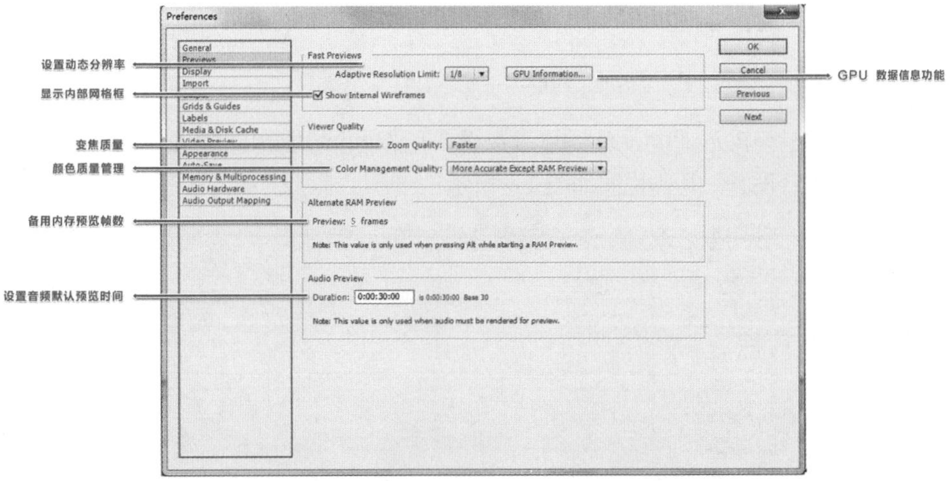

图1-6 Previews(预览)对话框设置

执行菜单 Edit(编辑)| Preferences(参数设置)| Display(显示)命令,此对话框主要针对合成素材的显示进行设置。具体说明如图1-7所示。

执行菜单 Edit(编辑)| Preferences(参数设置)| Import(导入)命令,此对话框主要针对合成素材的导入进行设置。具体说明如图1-8所示。

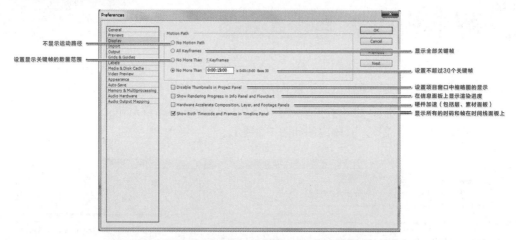

图1-7 Display（显示）对话框设置

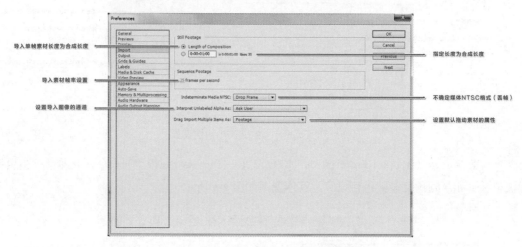

图1-8 Import（导入）对话框设置

执行菜单 Edit（编辑）| Preferences（参数设置）| Output（输出）命令，此对话框主要针对合成素材的显示进行设置。具体说明如图 1-9 所示。

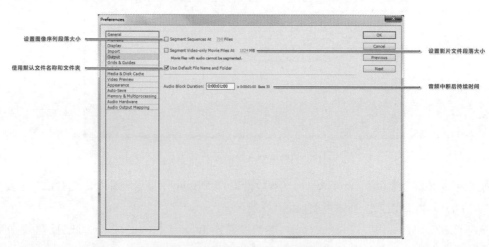

图1-9 Output（输出）对话框设置

执行菜单 Edit（编辑）| Preferences（参数设置）| Grids & Guides（网格与参考线）命令，此对话框主要针对软件的网格与参考线进行设置。具体说明如图 1-10 所示。

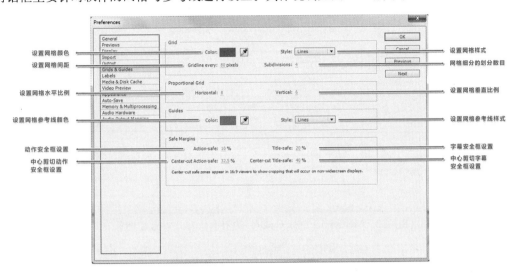

图1-10　Grids & Guides（网格与参考线）对话框设置

执行菜单 Edit（编辑）| Preferences（参数设置）| Label（标签）命令，此对话框主要针对软件合成中的素材文件颜色进行设置。具体说明如图 1-11 所示。

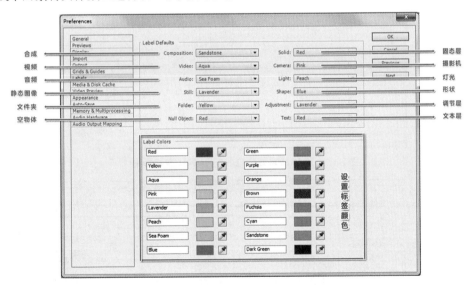

图1-11　Label（标签）对话框设置

执行菜单 Edit（编辑）|Preferences（参数设置）| Memory & Disk Cache（内存和缓存）命令，此对话框主要针对软件的内存和缓存进行设置。具体说明如图 1-12 所示。

执行菜单 Edit（编辑）| Preferences（参数设置）| Video Preview（视频预览）命令，此对话框主要针对视频在合成中预览和输出进行设置。具体说明如图 1-13 所示。

执行菜单 Edit（编辑）|Preferences（参数设置）| Appearance（外观）命令，此对话框主要针对软件应用界面颜色进行设置。具体说明如图 1-14 所示。

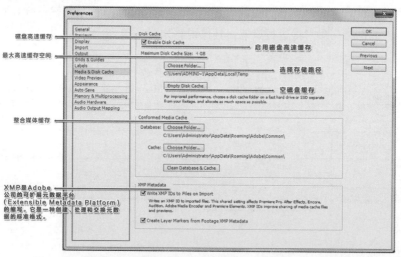

图1-12　Memory & Disk Cache（内存和缓存）对话框设置

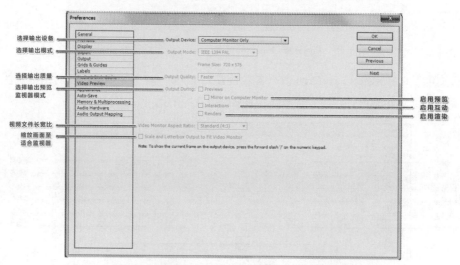

图1-13　Video Preview（视频预览）对话框设置

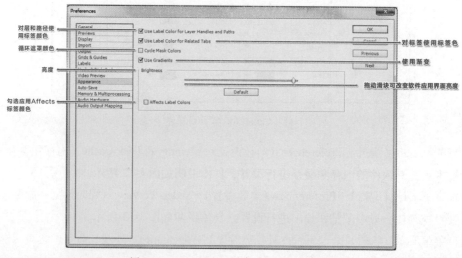

图1-14　Appearance（外观）对话框设置

执行菜单 Edit（编辑）| Preferences（参数设置）| Auto-Save（自动保存）命令，此对话框主要针对项目工程文件自动保存间隔时间及最大数量进行设置。具体说明如图 1-15 所示。

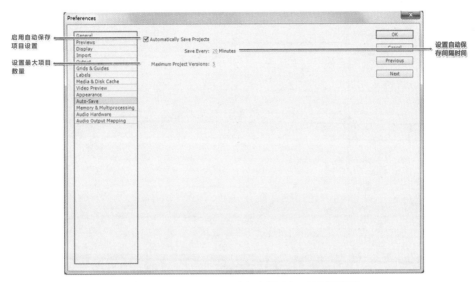

图1-15　Auto-Save（自动保存）对话框设置

执行菜单 Edit（编辑）| Preferences（参数设置）| Memory&Multiprocessing（内存与多处理器控制）命令，此对话框主要针对软件内存使用大小进行及渲染时使用处理器的分配进行设置。具体说明如图 1-16 所示。

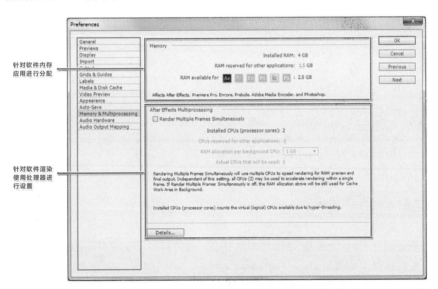

图1-16　Memory&Multiprocessing（内存与多处理器控制）对话框设置

执行菜单 Edit（编辑）| Preferences（参数设置）| Audio Hardware（音频硬件）命令，此对话框主要针对用户所使用的硬件声卡进行设置。具体说明如图 1-17 所示。

执行菜单 Edit（编辑）| Preferences（参数设置）| Audio Output Mapping（音频输出映射）命令，此对话框主要针对在输出过程中音频的左右声道的选择进行设置。具体说明如图 1-18 所示。

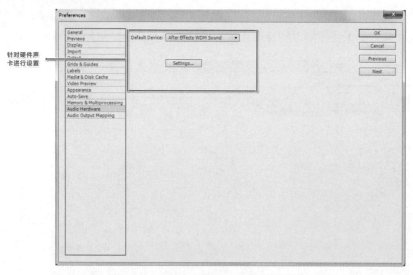

图1-17　Audio Hardware（音频硬件）对话框设置

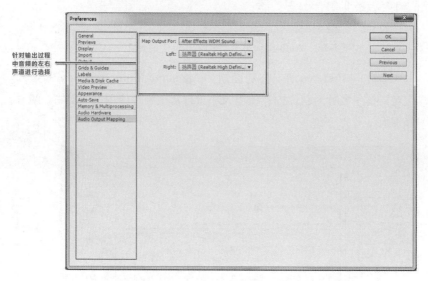

图1-18　Audio Output Mapping（音频输出映射）

1.7　层混合模式介绍

层混合模式是平时工作中经常使用且非常实用的一种技法，应用不同的层混合模式所产生的画面效果也各不相同。在 Timeline（时间线）窗口中，可以通过设置层 Blending Mode（混合模式）控制每层与其下层的融合而得到新的画面效果，下面介绍 After Effects CS6 的层混合模式。

- Normal（正常模式）：该模式正常显示合成画面中上下层中的图像，当前层的显示并不会受其他层的影响。如图层带有 Alpha 通道则正常显示通道画面。如图 1-19 所示。
- Dissolve（溶解模式）：该模式主要控制层与层之间的融合显示效果，影响有羽化边缘的层，使羽化的边缘溶解到下层。如图 1-20 所示。

图1-19　Normal（正常模式）

图1-20　Dissolve（溶解模式）

- Dancing Dissolve（动态溶解模式）：该模式与 Dissolve（溶解模式）基本相同，其区别是 Dancing Dissolve（动态溶解模式）可以对混合区域进行随机的动画效果。如图1-21所示。

图1-21　Dancing Dissolve（动态溶解模式）

- Darken（变暗模式）：该模式以层颜色为准，该模式以层颜色为准，比层颜色亮的像素被透明显示，比层颜色暗的像素显示不改变。如图1-22所示。

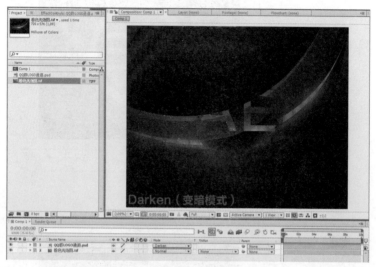

图1-22　Darken（变暗模式）

- Multiply（正片叠底模式）：该模式将底色与层颜色相乘，形成一种较暗的效果。任何颜色与黑色相乘得到黑色，与白色相乘则保持不变。如图1-23所示。

图1-23　Multiply（正片叠底模式）

- Color Burn（颜色加深模式）：该模式将原始层的颜色变暗去反衬下层的颜色，使层的亮度减低，色彩加深，需要注意的是纯白色不会改变底色，纯黑色被保留。如图1-24所示。
- Classic Color Burn（经典颜色加深模式）：该模式在After Effects CS5以前版本中使用，主要用于兼容早期版本的Color Burn模式。如图1-25所示。
- Linear Burn（线性颜色加深模式）：该模式类似于正片叠底模式，通过降低亮度，让底色变暗以反映混合色彩。需要注意的是和白色混合没有效果。如图1-26所示。

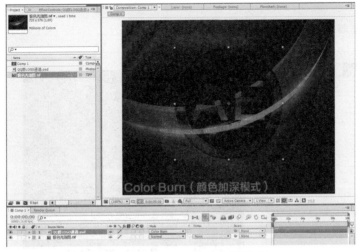

图1-24　Color Burn（颜色加深模式）

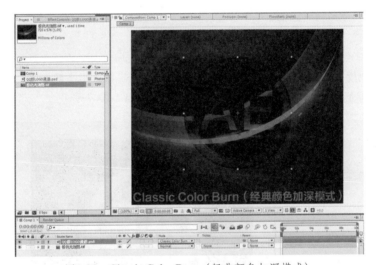

图1-25　Classic Color Burn（经典颜色加深模式）

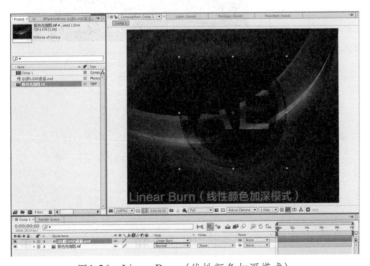

图1-26　Linear Burn（线性颜色加深模式）

- Darker Color（颜色加深模式）：该模式可查看每个通道中的颜色信息，并通过增加对比度使基色变暗以反映混合色。与白色混合后不产生变化。如图1-27所示。

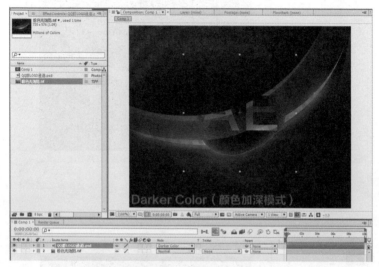

图1-27　Darker Color（颜色加深模式）

- Add（相加模式）：该模式将底色与层颜色相加，得到更为明亮的颜色。当层颜色为纯黑色或底色为纯白色时，合成效果均不发生变化。如图1-28所示。

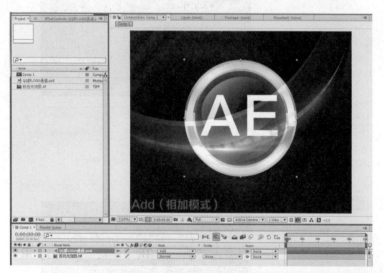

图1-28　Add（相加模式）

- Lighten（变亮模式）：该模式是把画面中上下两个像素的RGB值进行比较后，将总的颜色灰度级升高，造成变亮的效果，取高值成为混合后的颜色。用黑色合成图像时无作用，用白色时则仍为白色。如图1-29所示。
- Screen（屏幕模式）：该模式是将当前层的互补色与底色相乘，从而得到一种更加明亮的颜色。如图1-30所示。
- Color Dodge（颜色减淡模式）：该模式将通过降低合成对比度，从而加亮底层颜色来反映混合色彩。当与黑色混合时没有任何效果。如图1-31所示。

图1-29　Lighten（变亮模式）

图1-30　Screen（屏幕模式）

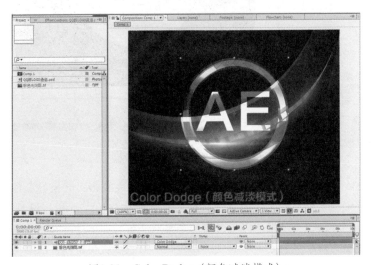

图1-31　Color Dodge（颜色减淡模式）

- Classic Color Dodge（经典颜色减淡模式）：该模式在 After Effects CS5 以前版本中使用，主要用于兼容早期版本的 Color Dodge 模式。如图 1-32 所示。

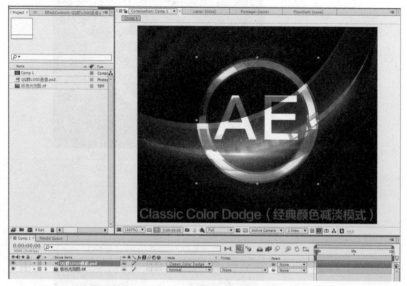

图 1-32 Classic Color Dodge（经典颜色减淡模式）

- Linear Dodge（线性减淡模式）：该模式通过增加亮度来使得底层颜色变亮，以此获得混合色彩。当与黑色混合时没有任何效果。类似于颜色减淡模式。如图 1-33 所示。

图 1-33 Linear Dodge（线性减淡模式）

- Lighter Color（灯光颜色模式）：该模式通过比较合成层相互混合的颜色亮度，选择混合颜色中较亮的像素保留起来，而其他较暗的像素则被替代。如图 1-34 所示。
- Overlay（叠加模式）：该模式将当前层的像素与底层的颜色进行相乘或叠加覆盖，使当前层变亮或变暗，对于中间色调影响较明显，而对高亮区域和暗部区域影响不大。如图 1-35 所示。

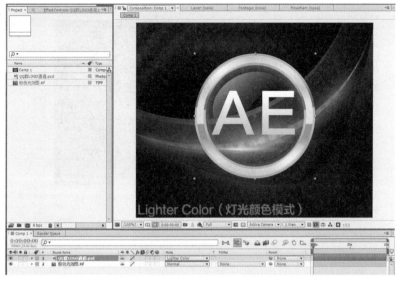

图1-34 Lighter Color（灯光颜色模式）

图1-35 Overlay（叠加模式）

- Soft Light（柔光模式）：该模式如同是在表面打上一层色调柔和的光，因而被称为柔光。应用后使亮度区域变得更亮，暗度区域变得更暗，效果类似于为图像打了一盏扩散的聚光灯。当混合颜色比50%的灰色亮，底层的颜色会变亮；当混合颜色比50%灰色暗，底层的颜色会变暗。使用纯黑色或者纯白色作为当前层时，会产生明显较暗或较亮的区域。但不会产生纯白或纯黑的效果。如图1-36所示。
- Hard Light（强光模式）：该模式如同是在表面打上一层色调强烈的光，因而被称为强光。如果两层中颜色的灰阶是偏向低灰阶，作用与正片叠底模式类似，而当偏向高灰阶时，则与屏幕模式类似，中间阶调作用不明显。如果上层颜色（光源）亮度高于50%灰，图像就会被照亮；如果亮度低于50%灰，图像就会变暗。如果用纯黑或者纯白来进行混合，得到的也将是纯黑或者纯白的效果。如图1-37所示。

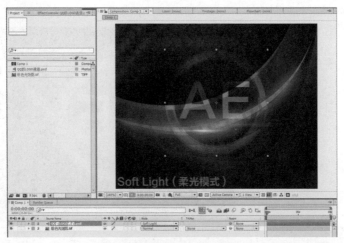

图1-36 Soft Light（柔光模式）

图1-37 Hard Light（强光模式）

- Linear Light（线性光模式）：该模式应用时如果层颜色亮度高于50%灰色，则用增加亮度的方法来使得画面变亮，反之用降低亮度的方法来使画面变暗。如图1-38所示。

图1-38 Linear Light（线性光模式）

- Vivid Light（艳光模式）：该模式的应用主要通过调整画面对比度以加深或减淡颜色，但是取决于上层图像的颜色分布。如果上层颜色（光源）亮度高于50%灰，图像将被降低对比度并且变亮；如果上层颜色（光源）亮度低于50%灰，图像会被提高对比度并且变暗。如图1-39所示。

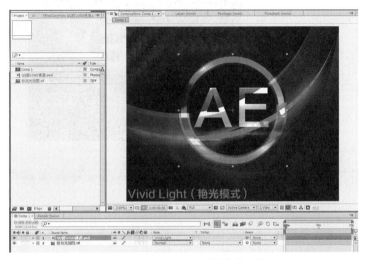

图1-39　Vivid Light（艳光模式）

- Pin Light（固定光模式）：该模式根据底层图像来替换当前层的颜色，如果底层图像的亮度比50%的灰色亮，则当前层中更暗的像素被替换，比底层图像亮的像素不变；如果的层图像的亮度比50%的灰色暗，则当前层中更亮的像素被替换，比底层图像暗的像素不变。如图1-40所示。

图1-40　Pin Light（固定光模式）

- Hard Mix（实色混合模式）：该模式的应用是层颜色会和底色进行混合，通常的结果是亮色更加亮，暗色更加暗，降低填充不透明度建立多色调分色或者阈值，通过降低填充不透明度能使混合效果变得柔和。实色混合模式大多产生招贴画式的混合效果，制作了一个多色调分色的图片，混合的颜色由底层颜色与混合图层亮度决定，混合结果由红、绿、蓝、青、品红（洋红）、黄、黑和白八种颜色组成。如图1-41所示。

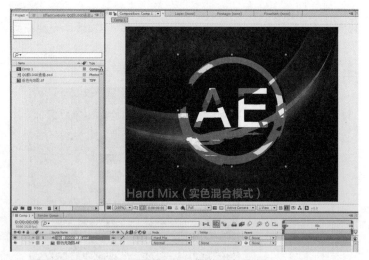

图1-41　Hard Mix（实色混合模式）

- Difference（差值模式）：该模式从底层图像的颜色中减去当前层的颜色，或从当前层图像的颜色中减去底层的颜色，这取决于哪个颜色的亮度较大（亮色减暗色），系统自动判断哪一个颜色的亮度值大，用亮度值较大的减去亮度值较小的。当与白色混合后会使底层颜色反相，和黑色混合时不产生变化。如图1-42所示。

图1-42　Difference（差值模式）

- Classic Difference（经典差值模式）：该模式在After Effects CS5以前版本中使用，主要用于兼容早期版本的Difference（差值模式）。如图1-43所示。
- Exclusion（排除模式）：该模式创建一种与Classic Difference类似但对比度较低的效果。同样，当与白色混合后会使底层颜色反相，和黑色混合时不产生任何变化。如图1-44所示。
- Subtract（相减模式）：该模式应用后通过查看各通道的颜色信息，并从基色中减去混合色，当出现负数就剪切为零。与基色相同的颜色混合得到黑色；白色与基色混合得到黑色；黑色与基色混合得到基色。如图1-45所示。

图1-43　Classic Difference（经典差值模式）

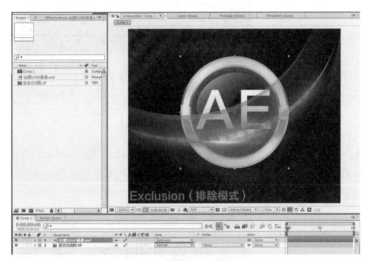

图1-44　Exclusion（排除模式）

图1-45　Subtract（相减模式）

- Divide（划分模式）：该模式应用后相应减去了画面中同等纯度的该颜色，同时上面颜色的明暗度不同，被减去区域图像明度也不同，上面图层颜色的亮，图像亮度变化就会越小，上面图层越暗，被减区域图像就会越亮。也就是说，如果上面图层是白色，那么也不会减去颜色也不会提高明度，如果上面图层是黑色，那么所有不纯的颜色都会被减去，只留着最纯的光的三原色。如图1-46所示。

图1-46　Divide（划分模式）

- Hue（色相模式）：该模式用底层图像的饱和度、明度与当前层的色相建立一种新的混合方式，混合后层的色值或着色的颜色将代替底层背景图像的色彩。如图1-47所示。

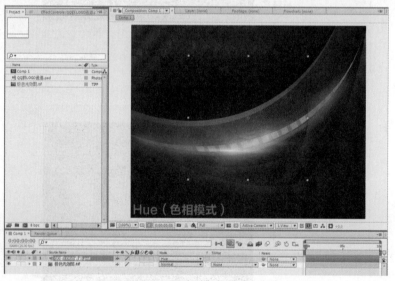

图1-47　Hue（色相模式）

- Saturation（饱和度模式）：该模式合成时用当前图层的饱和度去替换下层图像的饱和度，而色相值与亮度不变。饱和度模式。决定生成颜色的因素包括：底层颜色的明度与色调，上层颜色的饱和度。如果底色为灰度区域，不会引起任何变化。如图1-48所示。

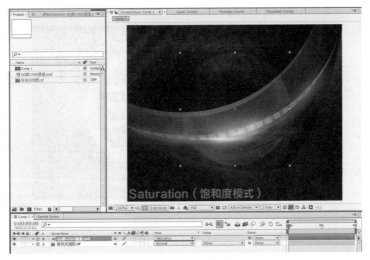

图1-48　Hue（色相模式）

- Color（颜色模式）：该模式用当前图层的色相值与饱和度替换下层图像的色相值和饱和度，而亮度则保持不变。决定生成颜色的因素包括：底层颜色的明度，上层颜色的色调与饱和度。颜色模式能最大限度保留原有图像的灰度细节。如图1-49所示。

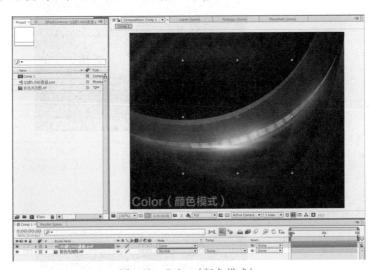

图1-49　Color（颜色模式）

- Luminosity（亮度模式）：该模式合成两图层时，用当前图层的亮度值去替换下层图像的亮度值，而色相值与饱和度不变。决定生成颜色的因素包括：底层颜色的色调与饱和度，上层颜色的明度。该模式产生的效果与Color模式刚好相反，它是根据上层颜色的明度分布来与下层颜色的明度进行混合合成的一种模式。如图1-50所示。
- Stencil Alpha（Alpha通道模板模式）：该模式是使用合成中某一层的Alpha通道或者亮度值去影响该层之下所有层的Alpha通道。并通过当前层Alpha通道模板显示所有的层。如图1-51所示。
- Stencil Luma（亮度模板模式）：该模式可以穿过Stencil层的像素显示多个层。当使用此模式时，层中较暗的像素比较亮的像素更透明。如图1-52所示。

图1-50　Luminosity（亮度模式）

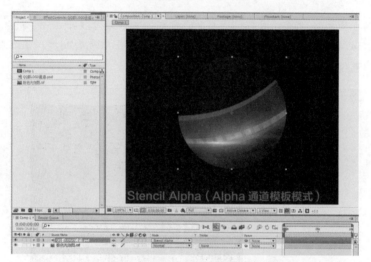

图1-51　Stencil Alpha（Alpha通道模板模式）

图1-52　Stencil Luma（亮度模板模式）

- Silhouette Alpha（Alpha通道轮廓模式）：该模式应用后会通过其他层的Alpha通道或者亮度值去影响该层之下所有层的Alpha通道，通过层的Alpha通道在几层间切出一个新通道的同时封闭当前层以下的所有层。如图1-53所示。

图1-53　Silhouette Alpha（Alpha通道轮廓模式）

- Silhouette Luma（亮度轮廓模式）：该模式可以通过层上的像素的亮度在几层间切出一个新通道轮廓，当一个层中较亮的像素比暗像素不透明时，使用较亮的像素封闭所有的层。如图1-54所示。

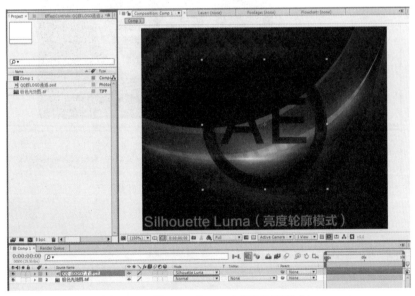

图1-54　Silhouette Luma（亮度轮廓模式）

- Alpha Add（添加Alpha通道模式）：该模式是通过将底层与当前层的Alpha通道相加后共同建立一个新的透明Alpha通道。如图1-55所示。

图1-55　Alpha Add（添加Alpha通道模式）

- Luminescent Premul（冷光模式）：该模式将当前层的透明区域像素和下一层画面相作用，从而重新赋予Alpha通道边缘透镜和光亮的效果。如图1-56所示。

图1-56　Luminescent Premul（冷光模式）

Chapter 02

电视包装实例解析

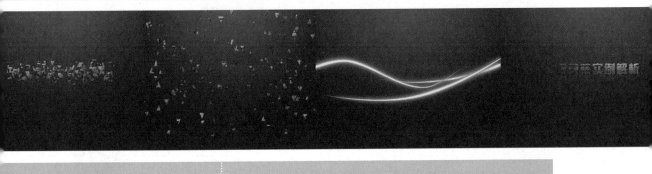

本章学习重点

- Color Emboss（彩色浮雕）使用方法
- Bevel Edges（斜边）使用方法
- Drop Shadow（投影）使用方法
- 3D Stroke 使用方法
- Starglow 使用方法

制作思路

本例制作"电视包装实例解析"。这一章的知识点主要有4部分：①利用Bevel Edges（斜边）特效、Color Emboss（彩色浮雕）特效、Drop Shadow（投影）特效来制作文字的立体效果；②利用CC Pixel Polly（CC像素多边形）制作文字破碎动画；③运用After Effects的外置插件3D Stroke以及Starglow制作流光动画；④利用After Effects自带特效Card Wipe（卡片擦除）制作视频素材的过渡特技。通过After Effects内置插件和外置插件的组合运用，构成了本章的最终合成效果。

2.1 创建合成背景画面

STEP 01 启动 After Effects CS6 软件，如图 2-1 所示。

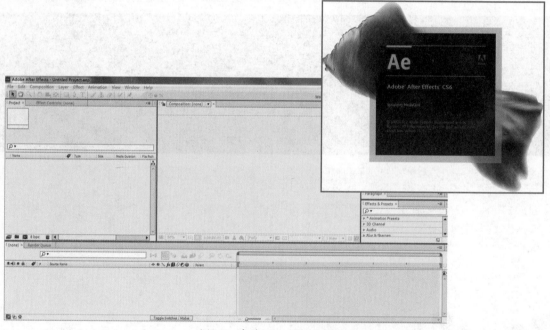

图2-1 启动After Effects CS6

STEP 02 制作背景，执行菜单栏中的 Composition（合成）| New Composition（新建合成）命令（快捷键 Ctrl+N），打开 Composition Setting（合成设置）对话框，设置 Composition Name（合成名称）为"电视包装实例解析"，并设置 Preset（预置）为 PAL D1/DV，Pixel Aspect Ratio（像素宽高比）为 PAL D1/DV (1.09)，Frame Rate（帧速率）为 25，Resolution（图像分辨率）为 Full，Duration（持续时间）为 0:00:10:00 秒，其他保持不变。如图 2-2 所示。

电视包装实例解析

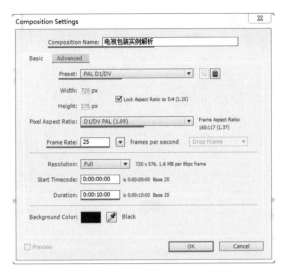

图2-2 Composition Setting（合成设置）

STEP 03 单击【OK】按钮确定后，在Project（项目）工程面板中将出现一个名为"电视包装实例解析"的合成层，同时在Timeline（时间线）中也出现了"电视包装实例解析"的字样，如图2-3所示。

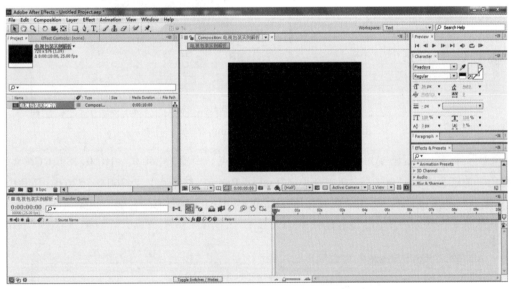

图2-3 Project（项目）与Timeline（时间线）

STEP 04 创建背景层。首先执行菜单栏中的Layer（层）|New（新建）|Solid（固态层）命令（快捷键Ctrl+Y），在弹出的对话窗口中设置Name（名称）为"背景"，Solid Color（固态层颜色）点为黑色。单击【OK】键确定。如图2-4所示。

STEP 05 为"背景"层添加Ramp（渐变）特效。执行菜单栏中的Effect（滤镜）|Generate（生成）|Ramp（渐变）命令，这时在Effects Controls（特效控制）面板看到Ramp（渐变）插件已经添加到"背景"层之上。如图2-5所示。

After Effects CS6　031

图2-4 创建"背景"层Solid（固态层）

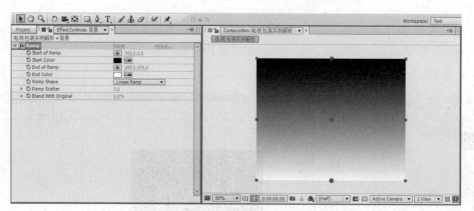

图2-5 为"背景"层添加Ramp（渐变）特效

STEP|06 将Ramp（渐变）中Start of Ramp（开始点）设置为360.0，-107.0，Start Color（开始颜色）为红色"R：200、G：0、B：0"，End of Ramp（结束点）为360.0，576.0，End Color（结束颜色）为黑色"R：0、G：0、B：0"，Ramp Shape（渐变形状）为Radial Ramp（放射渐变）其他参数保持不变。如图2-6所示。

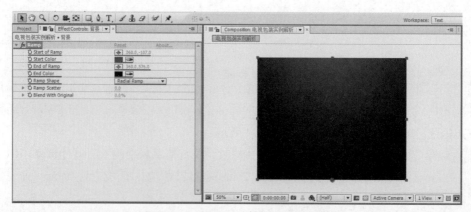

图2-6 设置Ramp（渐变）相关参数

STEP|07 导入LOGO素材。执行菜单栏中的File（文件）|Import（导入）|File（文件）命令，或者使用快捷键【Ctrl+I】打开导入素材属性框，选择"电视包装实例解析.PNG"素材，单击"打开"按钮，并拖拽至时间线上。如图2-7所示。

图2-7 导入"电视包装实例解析.PNG"素材

STEP|08 调整位置、缩放以及不透明度。单击选择"电视包装实例解析.PNG"层，展开Transform（转换）选项，设置Anchor Point（定位点）值为134.5、25.0，Scale（缩放）值为209.0、209.0%，Opacity（不透明度）值为50%，如图2-8所示。

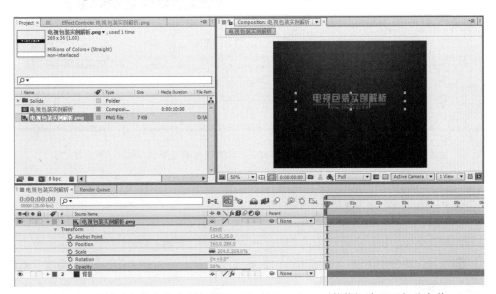

图2-8 设置"电视包装实例解析.PNG"层Transform（转换）选项下相关参数

STEP|09 在时间线上单击"电视包装实例解析.PNG"层，选择工具栏中■图标，为其添加椭圆形Mask蒙版，形状大小如图2-9所示。

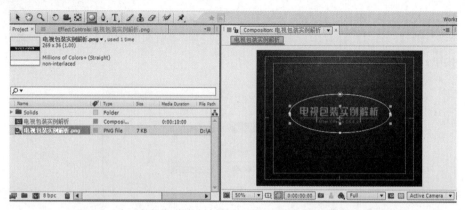

图2-9 为"电视包装实例解析.PNG"层添加椭圆形Mask蒙版

STEP|10 展开"电视包装实例解析.PNG"层Mask蒙版选项,设置Mask Feather(蒙版羽化)值为110.0、110.0 pixels。并且将"电视包装实例解析.PNG"层的Mode(叠加模式)设置为Soft Light(柔光)效果。如图2-10所示。

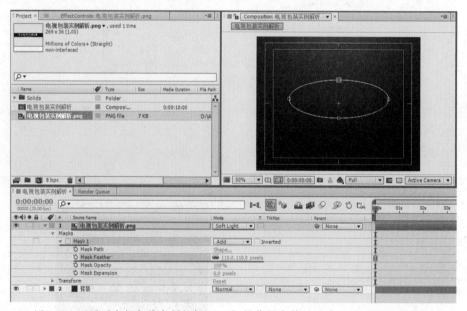

图2-10 设置"电视包装实例解析.PNG"层蒙版参数及更改Mode(叠加模式)

2.2 创建文字添加特效

STEP|01 创建文字,执行菜单栏中的Layer(层)|New(新建)|Text(文字层)命令,或者单击工具栏■图标(快捷键Ctrl+Alt+Shift+T),输入文字"电视包装实例解析"。设置"电视包装实例解析"字体为"汉仪菱心体简",字体大小为47px,字间距为75px,字体颜色为红色"R:229、G:0、B:0"。如图2-11所示。

STEP|02 在时间线上选择文字层"电视包装实例解析",按快捷键【Ctrl+D】复制一层,将Mode(叠加模式)设置为Add(相加)模式。如图2-12所示。

电视包装实例解析

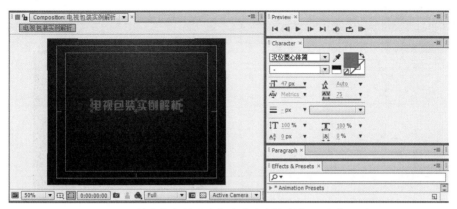

图2-11 创建文字层"电视包装实例解析"及参数设置

图2-12 复制"电视包装实例解析"层并更改Mode(叠加模式)为Add(相加)

> **提示** Blending Mode(混合模式)的选择决定当前层的图像与其下面层图像之间的混合形式,是制作图像效果的最简洁、最有效的方法之一。使用Add(增加)模式将基色与混合色相加,将得到更为明亮的颜色。混合色为纯黑或纯白时不发生变化。

STEP 03 为复制的文字层"电视包装实例解析2"添加Bevel Alpha(Alpha斜角)特效,执行菜单栏中的Effect(特技)|Perspective(透视)|Bevel Alpha(Alpha斜角)命令,设置Edge Thickness(边缘厚度)值为2.80;Light Angle(光源角度)值为0x+ -22.0°;Light Intensity(光照强度)值为0.64。如图2-13所示。

> **提示** Bevel Alpha(Alpha斜角)参数含义如下:
> ● Edge Thickness(边缘厚度):用于设置边缘斜角的厚度。
> ● Light Angle(光源角度):用于设置模拟灯光的角度。
> ● Light Color(光源颜色):用于设置模拟灯光的颜色。
> ● Light Intensity(光照强度):用于设置灯光照射的强度。

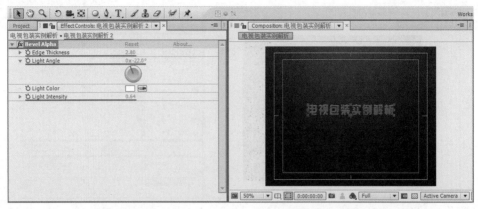

图2-13 为复制新出来的文字层"电视包装实例解析2"添加Bevel Alpha特效

STEP 04 在时间线上选择复制"电视包装实例解析2"文字层,按快捷键【CTRL+D】复制一层"电视包装实例解析3"。如图2-14所示。

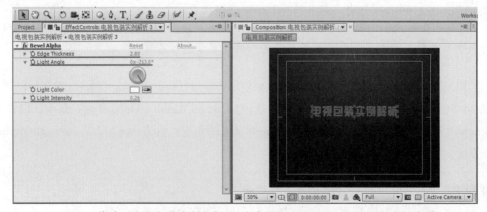

图2-14 复制出"电视包装实例解析3"文字层

STEP 05 修改"电视包装实例解析3"文字层Bevel Alpha(Alpha斜角)参数,设置Light Angle(光源角度)值为0x+ -213.0°;Light Intensity(光照强度)值为0.26。如图2-15所示。

图2-15 修改"电视包装实例解析3"文字层Bevel Alpha(Alpha斜角)参数

STEP 06 在时间线上选择复制的"电视包装实例解析3"文字层,按快捷键【Ctrl+D】再复制一层"电视包装实例解析4"。如图2-16所示。

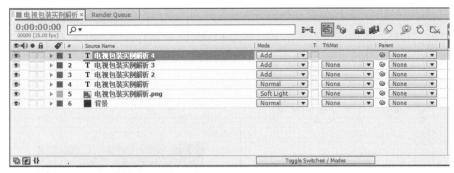

图2-16 复制出"电视包装实例解析4"文字层

STEP|07 修改"电视包装实例解析4"文字层 Bevel Alpha（Alpha 斜角）参数，设置 Light Angle（光源角度）值为 0x+ -125.0°；Light Intensity（光照强度）值为 0.16。如图 2-17 所示。

图2-17 修改"电视包装实例解析4"文字层Bevel Alpha（Alpha斜角）参数

STEP|08 在时间线上依次选择"电视包装实例解析"、"电视包装实例解析2"、"电视包装实例解析3"、"电视包装实例解析4"并且将这4个层做嵌套合成；执行菜单栏中的 Layer（层）| Pre-compose（预合成）命令，在弹出的属性框中设置 New composition name（新合成名称）为"电视包装实例解析文字"，选择 Move all attributes in to the new composition（将所有物体的属性转移到新合成中）单击【OK】确定。如图 2-18 所示。

图2-18 将4个所选的文字层做嵌套合成

STEP|09 为新嵌套的"电视包装实例解析文字"层添加 Bevel Edges（斜边）特效，执行菜单栏中的 Effect（特技）|Perspective（透视）| Bevel Edges（斜边）命令，设置 Edge Thickness（边缘厚度）值为 0.37；Light Angle（光源角度）值为 0x+ 339.0°；Light Intensity（光照强度）值为 0.33，其他参数保持不变，可以在合成视窗中看到特效应用之后的效果。如图 2-19 所示。

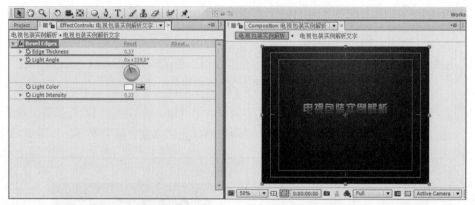

图2-19　为"电视包装实例解析文字"层添加Bevel Edges（斜边）特效

 使用 Bevel Edges（斜边）特效可以让图层的边缘产生立体效果，需要注意的是，产生立体效果的边缘是由 Alpha 通道来决定的。其各项参数含义如下：
- Edge Thickness（边缘厚度）：用于设置边缘斜角的厚度。
- Light Angle（光源角度）：用于设置模拟灯光的角度。
- Light Color（光源颜色）：用于设置模拟灯光的颜色。
- Light Intensity（光照强度）：用于设置灯光照射的强度。

STEP|10 为"电视包装实例解析文字"层添加 Color Emboss（彩色浮雕）特效，执行菜单栏中的 Effect（特技）|Stylize（风格化）| Color Emboss（彩色浮雕）命令。如图 2-20 所示。

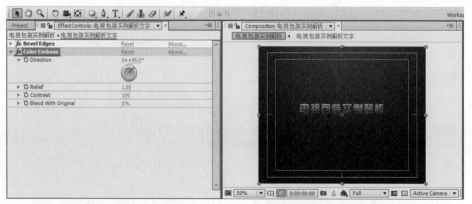

图2-20　为"电视包装实例解析文字"层添加Color Emboss（彩色浮雕）特效

STEP|11 设置 Color Emboss（彩色浮雕）参数，设置 Direction（方向）值为 0x+ 329.0°，Relief（浮雕）值为 1.60，Contrast（对比度）值为 1。如图 2-21 所示。

电视包装实例解析

图2-21 设置Color Emboss（彩色浮雕）参数

 提示 Color Emboss（彩色浮雕）主要通过锐化图像中物体的轮廓使其产生彩色浮雕的效果。其各项参数含义如下：
- Direction（方向）：用于设置产生浮雕效果的方向。
- Relief（浮雕）：用于设置浮雕效果凸起的高度。
- Contrast（对比度）：用于设置浮雕效果的锐化程度。
- Blend With Original（混合程度）：用于设置产生浮雕效果之后与原始素材的混合程度，数值越大越接近原图。

STEP 12 为"电视包装实例解析文字"层添加Drop Shadow（投影）特效，执行菜单栏中的Effect（特技）|Perspective（透视）|Drop Shadow（投影）命令，同时设置Softness（柔和）值为12.0。如图2-22所示。

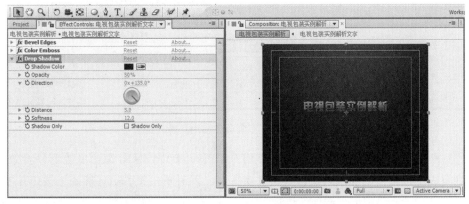

图2-22 为"电视包装实例解析文字"层添加Drop Shadow（投影）特效

2.3 制作文字动画效果

STEP 01 制作发散动画。为"电视包装实例解析文字"层添加CC Pixel Polly（CC像素多边形）特效，执行菜单栏中的Effect（滤镜）|Simulation（模拟）|CC Pixel Polly（CC像素多边形）命令，这时可以在Effects Controls（特效控制）面板中看到CC Pixel Polly（CC像素多边形）特

效已经添加到"电视包装实例解析文字"层之上。如图2-23所示。

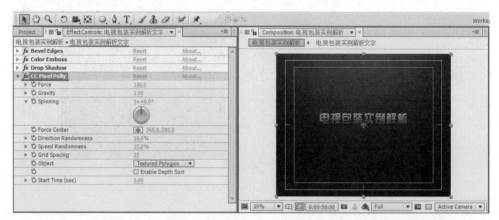

图2-23 为"电视包装实例解析文字"层添加CC Pixel Polly（CC像素多边形）特效

STEP 02 在时间线上随机拖动游标即可看到CC Pixel Polly（CC像素多边形）特效简单的预设动画效果。如图2-24所示。

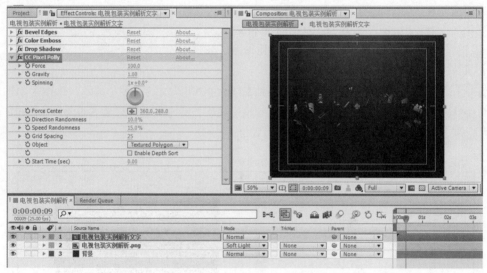

图2-24 CC Pixel Polly（CC像素多边形）特效预设动画效果

STEP 03 设置"电视包装实例解析文字"层CC Pixel Polly（CC像素多边形）特效动画效果。在时间线上选择"电视包装实例解析文字"层，同时单击Effect（特效）按钮并展开CC Pixel Polly（CC像素多边形）选项，将时间线游标移动至0:00:00:00处，打开Force（力量）与Spinning（旋转）关键帧码表，设置Force（力量）值为200.0，设置Spinning（旋转）值为0x+ 0.0°。如图2-25-1所示。将时间线游标移动至0:00:03:08，设置Force（力量）值为100.0，设置Spinning（旋转）值为0x+ 326.0°。如图2-25-2所示。

STEP 04 设置"电视包装实例解析文字"层CC Pixel Polly（CC像素多边形）特效其他参数。设置Gravity（重力）值为0.00，Direction Randomness（方向随机）值为60%，Speed Randomness（速度随机）值为30%，Grid Spacing（网格间距）值为8。如图2-26所示。

电视包装实例解析

图2-25-1　设置0:00:00:00处Force（力量）与Spinning（旋转）关键帧

图2-25-2　设置0:00:03:08处Force（力量）与Spinning（旋转）关键帧

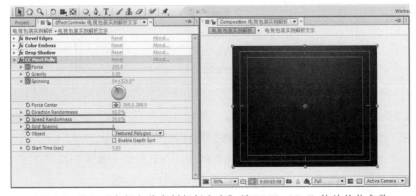

图2-26　设置"电视包装实例解析文字"层CC Pixel Polly特效其他参数

提示　CC Pixel Polly（CC 像素多边形）在应用后会使画面产生破碎的立体效果。其各项参数含义如下：

- Force（力量）：用于设置画面产生破碎时的力量大小数值。
- Gravity（重力）：用于设置画面碎片下落时的重力大小数值。
- Spinning（旋转）：用于设置画面碎片的旋转角度。
- Force Center（力量中心）：用于设置画面破碎时力量的中心点位置。
- Direction Randomness（方向随机）：用于设置画面碎片运动方向的随机性。
- Speed Randomness（速度随机）：用于设置画面碎片运动速度随机性的快慢。
- Grid Spacing（网格间距）：用于设置画面碎片的大小。
- Object（物体）：用于设置产生碎片的样式。在其右侧下拉菜单中可选需要类型。包括 Polygon（多边形）、Textured Polygon（多边形纹理）、Square（方形）、Textured Square（方形纹理）。
- Enable Depth Sort：选中该复选框可以改变碎片之间的遮挡关系。

2.4 制作流光动画效果

STEP 01 制作流光效果。新建一个 Solid（固态层），执行菜单栏中的 Layer（层）|New（新建）|Solid（固态层）命令，在弹出的对话窗口中设置 Name（名称）为"流光1"，单击【OK】键确定。如图 2-27 所示。

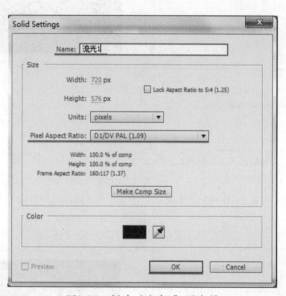

图 2-27　新建"流光1"固态层

STEP 02 在时间线上单击选择"流光1"层，然后在工具栏上单击画笔工具，在"流光1"层上绘制 MASK 曲线，形状如图 2-28 所示。

STEP 03 为"流光1"层加入 3D Stroke 插件特效。在时间线上单击选择"流光1"层，执行菜单栏中的 Effect（滤镜）|Trapcode|3D Stroke 命令。如图 2-29 所示。

电视包装实例解析

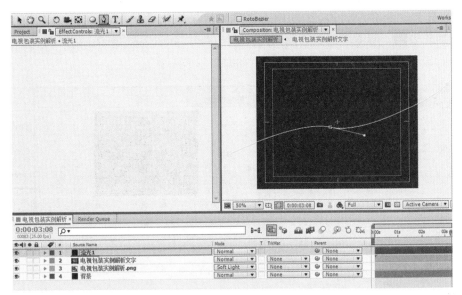

图2-28　在"流光1"层上绘制MASK曲线图

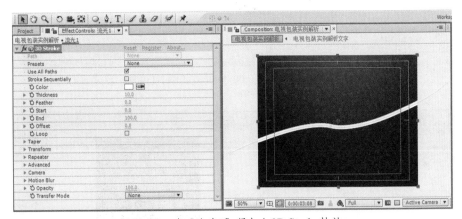

图2-29　为"流光1"层加入3D Stroke特效

STEP|04 设置3D Stroke特效的相关参数，设置Color（颜色）为橙黄色"R：211、G：159、B：0"，Thickness（厚度）值为3.0，Feather（羽化）值为100。如图2-30所示。

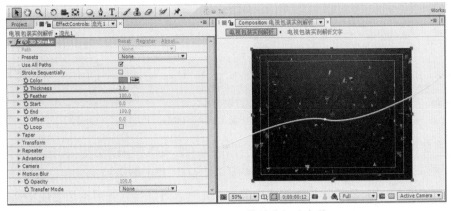

图2-30　设置3D Stroke特效的相关参数

STEP 05 设置"流光1"的路径动画。将时间线游标移动至 0:00:00:00，打开 Offset（偏移）关键帧码表，设置 Offset（偏移）值为 -100.0，如图 2-31 所示。将时间线游标移动至 0:00:03:00，设置 Offset（偏移）值为 100.0，如图 2-32 所示。

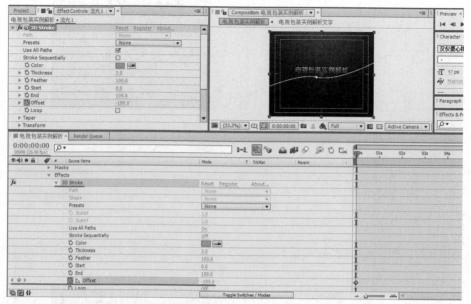

图2-31　设置"流光1"层0:00:00:00处Offset（偏移）关键帧

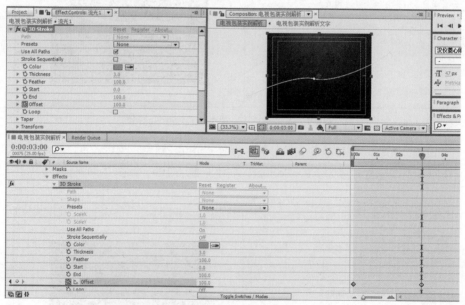

图2-32　设置"流光1"层0:00:03:00处Offset（偏移）关键帧

STEP 06 通过预览可以看到 Offset（偏移）动画效果，观察后可以发现"流光 1"的边缘部分为圆形，并不是想要的锥形效果，接下来回到"流光 1"层的特效控制面板，展开 Taper（锥形）选项，勾选 Enable 选项启用锥形选项效果，此时，可以看到圆形边缘变成了锥形边缘效果。如图 2-33 所示。

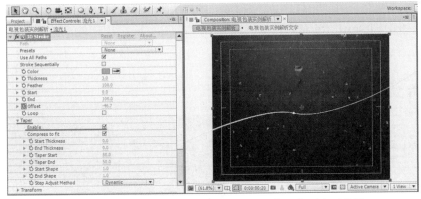

图2-33 勾选Taper（锥形）选项下Enable启用锥形选项效果

STEP 07 通过预览可以看到"流光1"层效果还不够明亮，可以为其加入Glow（发光）特效。执行菜单栏中的Effect（滤镜）|Stylize（风格化）|Glow（发光）命令，这时在Effects Controls（特效控制）面板看到Glow（发光）特效已经添加到"流光1"层之上。如图2-34所示。

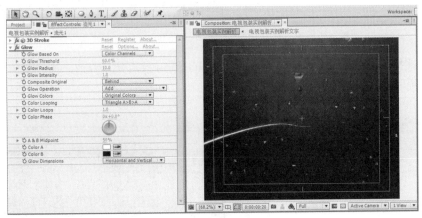

图2-34 为"流光1"层添加Glow（发光）特效

STEP 08 设置Glow（发光）特效的主要参数。设置Glow Threshold（发光阈值）为72.0%，Glow Radius（发光半径）为15.0，其他参数保持不变。如图2-35所示。

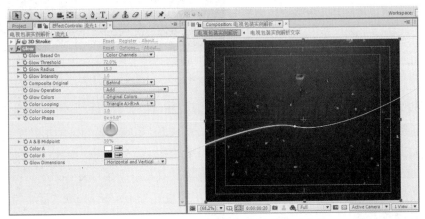

图2-35 设置Glow（发光）特效的主要参数

STEP|09 为"流光1"层再添加一个Glow（发光）特效。执行菜单栏中的Effect（滤镜）|Stylize（风格化）|Glow（发光）命令，设置Glow Threshold（发光阈值）为65.0%，Glow Radius（发光半径）为13.0，其他参数保持不变。如图2-36所示。

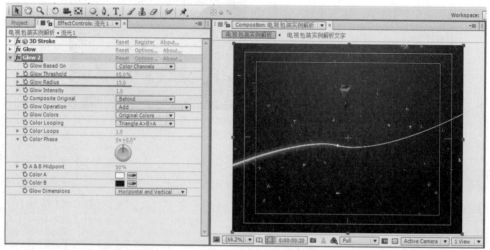

图2-36　为"流光1"层再添加一个Glow（发光）特效

STEP|10 选择"流光1"层，再为其添加一个Starglow（星光）特效，执行菜单Effect（滤镜）| Trapcode|Starglow命令。如图2-37所示。

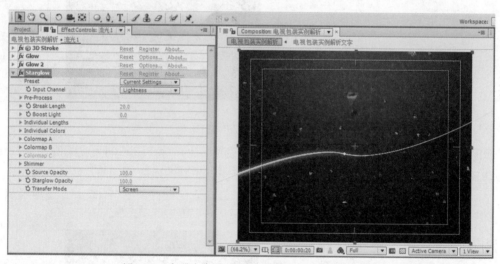

图2-37　为"流光1"层添加Starglow（星光）特效

STEP|11 设置Starglow（星光）特效的主要参数。其中设置Input Channel（导入通道）为Luminance（光亮度），Streak Length（散射长度）为10.0，Boost Light（星光强度）为1.0。展开Individual Lengths（各角度长度）选项，设置Up（上）为1.0、Up Right（右上方）为1.0；展开Colormap A（颜色列表）选项，在Preset（预设）菜单中选择One Color（一种颜色），设置Color（颜色）为黄色"R：255、G：228、B：0"；设置Transfer Mode（混合模式）为Add（相加），其他参数不变。如图2-38所示。

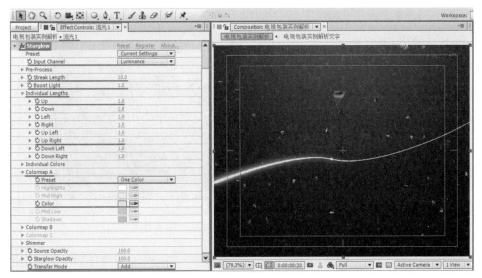

图2-38 设置Starglow（星光）特效的主要参数

> **提示** Luminance（光亮度）表示发光面明亮程度的，指发光表面在指定方向的发光强度与垂直且指定方向的发光面的面积之比，单位是坎德拉/平方米。对于一个漫散射面，尽管各个方向的光强和光通量不同，但各个方向的亮度都是相等的。大多数电视机的荧光屏就是近似于这样的漫散射面，所以从各个方向上观看图像，都有相同的亮度感。

STEP|12 下面建立"流光2"层。新建一个Solid（固态层），执行菜单栏中的Layer（层）|New（新建）|Solid（固态层）命令，在弹出的对话窗口中设置Name（名称）为"流光2"，单击【OK】键确定。如图2-39所示。

图2-39 新建"流光2"固态层

STEP|13 在时间线上单击选择"流光2"层，然后在工具栏上单击画笔工具，在"流光2"层上绘制MASK曲线，形状如图2-40所示。

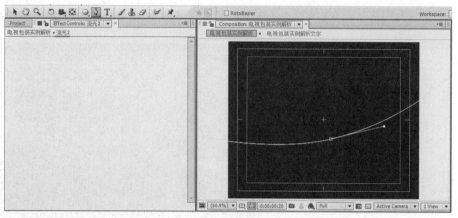

图2-40 在"流光2"层上绘制MASK曲线图

STEP|14 在时间线上单击选择"流光1"层,在Effect Controls(特效控制面板)中依次选择"3D Stroke"、"Glow"、"Glow2"、"Starglow"4组特效并按【Ctrl+C】键将其复制,如图2-41所示,然后选择"流光2"层,在其Effect Controls(特效控制面板)中将复制的4组特效按【Ctrl+V】键粘贴。如图2-42所示。

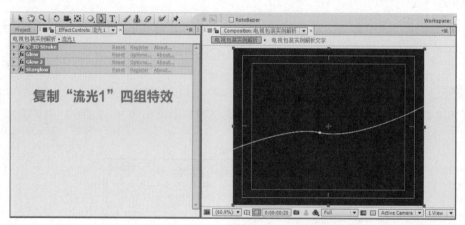

图2-41 复制"流光1"层"3D Stroke"、"Glow"、"Glow2"、"Starglow"4组特效

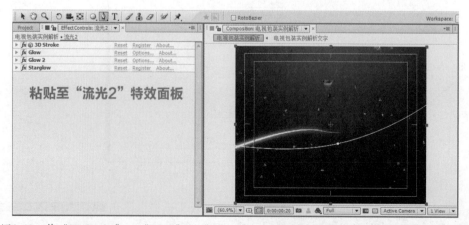

图2-42 将"3D Stroke"、"Glow"、"Glow2"、"Starglow"4组特效粘贴至"流光2"层

电视包装实例解析

STEP|15 建立"流光3"层。新建一个Solid（固态层），执行菜单栏中的Layer（层）|New（新建）|Solid（固态层）命令，在弹出的对话窗口中设置Name（名称）为"流光3"，单击OK键确定。如图2-43所示。

图2-43　新建"流光3"固态层

STEP|16 在时间线上单击选择"流光3"层，然后在工具栏上单击画笔工具，在"流光3"层上绘制MASK曲线，形状如图2-44所示。

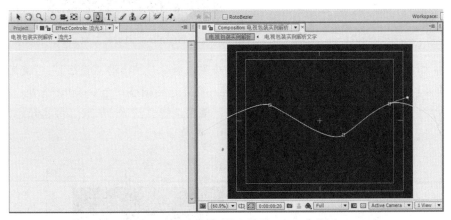

图2-44　在"流光3"层上绘制MASK曲线图

STEP|17 在时间线上单击选择"流光1"层，在Effect Controls（特效控制面板）中依次选择"3D Stroke"、"Glow"、"Glow2"、"Starglow"4组特效并且按【Ctrl+C】键将其复制，如图2-45所示，然后选择"流光3"层，在其Effect Controls（特效控制面板）中将复制的4组特效按【Ctrl+V】键粘贴。如图2-46所示。

> **提示**　在平时设计工作中经常会遇到特技的重复使用，合理有效地利用特效的粘贴和复制可以大大的提高我们的工作效率。本例中"流光2"与"流光3"的特技应用就是复制了"流光1"的特效。

After Effects CS6

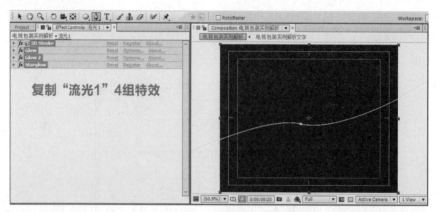

图2-45 复制"流光1"层"3D Stroke"、"Glow"、"Glow2"、"Starglow"4组特效

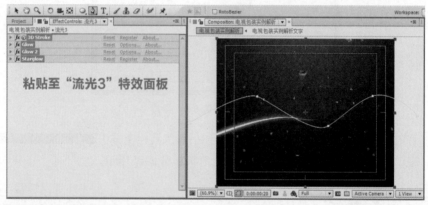

图2-46 将"3D Stroke"、"Glow"、"Glow2"、"Starglow"4组特效粘贴至"流光3"层

STEP 18 回到时间线控制面板,为使三组光效依次入画,分别移动"流光1"、"流光2"、"流光3"层的起始帧位置,单击选择"流光1"层,将其起始帧移动至0:00:00:18处;单击选择"流光2"层,将其起始帧移动至0:00:01:04处;单击选择"流光3"层,将其起始帧移动至0:00:01:18处。如图2-47所示。

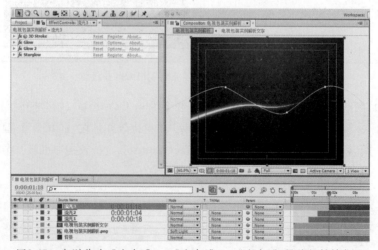

图2-47 分别移动"流光1"、"流光2"、"流光3"层的起始帧位置

电视包装实例解析

STEP 19 在时间线上选择"电视包装实例解析文字"层,将其复制一层,执行快捷键【Ctrl+D】,并将复制的"电视包装实例解析文字"层移动至时间线最顶层。如图2-48所示。

图2-48　将新复制"电视包装实例解析文字"层移动至时间线顶层

STEP 20 为方便在时间线上操作管理,将复制的"电视包装实例解析文字"层进行重命名,选择"电视包装实例解析文字"层后单击鼠标右键选择Rename(重命名)选项,更改为"电视包装实例解析文字2"层。如图2-49所示。

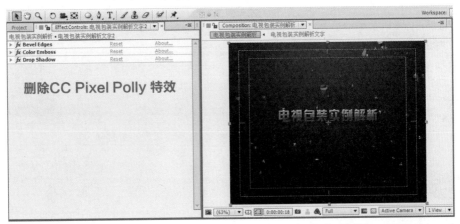

图2-49　将"电视包装实例解析文字"层重命名为"电视包装实例解析文字2"层

STEP 21 在时间线上单击选择"电视包装实例解析文字2"层,进入其Effect Controls(特效控制面板)中,删除CC Pixel Polly(CC像素多边形)特效。如图2-50所示。

STEP 22 制作入屏动画。选择"电视包装实例解析文字 2"层，将其起始帧移动至 0:00:03:20 处，展开 Transform（转换）选项，单击打开 Opacity（不透明度）关键帧码表，设置 Opacity（不透明度）值为 0%，如图 2-51 所示；将游标设置在 0:00:04:07 处，设置 Opacity（不透明度）值为 100%，如图 2-52 所示。

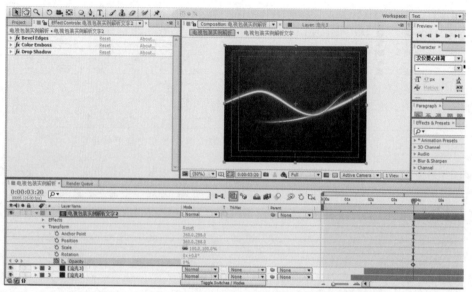

图2-51　设置0:00:03:20处Opacity（不透明度）关键帧

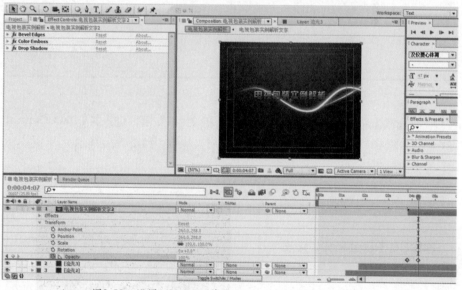

图2-52　设置0:00:04:07处Opacity（不透明度）关键帧

2.5 制作转场扫光效果

STEP 01 为"电视包装实例解析文字 2"层添加 Card Wipe（卡片擦除）特效。执行菜单栏中

的Effect（特技）| Transition（过渡）| Card Wipe（卡片擦除）特效命令，如图2-53所示。

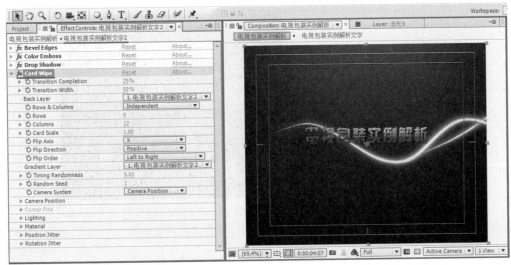

图2-53 为"电视包装实例解析文字2"层添加Card Wipe（卡片擦除）特效

STEP 02 设置Card Wipe（卡片擦除）动画，将时间线游标移动至0:00:03:20处，展开Card Wipe（卡片擦除）选项，单击打开Transition Completion（过渡完成）关键帧码表，设置Transition Completion（过渡完成）值为0%；将时间线游标移动至0:00:06:00处，设置Transition Completion（过渡完成）值为80%；将时间线游标移动至0:00:06:24处，设置Transition Completion（过渡完成）值为0%，如图2-54所示。

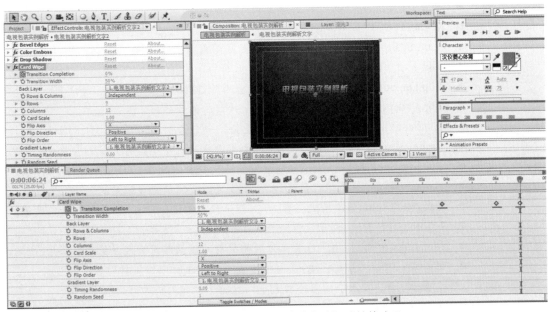

图2-54 设置Card Wipe（卡片擦除）关键帧动画

STEP 03 设置Card Wipe（卡片擦除）特效其他参数，设置Rows（行）值为30，其他参数保持不变，预览可直接看到动画效果，如图2-55所示。

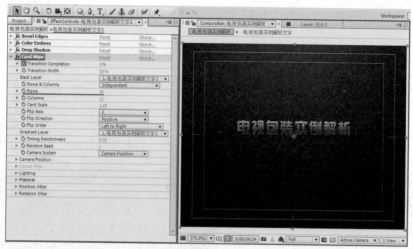

图2-55　设置Card Wipe（卡片擦除）特效其他参数

 使用Card Wipe（卡片擦除）特效可以将图像分割成许多小卡片效果，可以对卡片的变化效果做动画设置，其各项参数含义如下：

- Transition Completion（过渡完成）：用于设置图像过渡变化的完成程度。
- Transition Width（切换宽度）：用于设置在切换图像过程中面积的大小。
- Back Layer（背面层）：用于设置图像切换之后的所显示图层。
- Rows & Columns（行与列）：用于设置行与列之间的切换方式，包含Independent（独立的）、Columns Follows Rows（列跟随行）两个选项。
- Rows（行）：用于设置行的数量。
- Columns（列）：用于设置列的数量。
- Card Scale（卡片缩放）：用于设置卡片缩放的大小。
- Flip Axis（翻转轴）：用于设置卡片反转的轴向。
- Flip Direction（翻转方向）：用于设置卡片翻转的方向。
- Flip Order（翻转顺序）：用于设置卡片翻转的顺序。
- Gradient Layer（渐变层）：用于设置指定一个渐变层。
- Timing Randomness（随机时间）：用于设置随机变化的时间值。
- Random Seed（随机种子）：用于设置随机种子的数量。
- Camera System（摄像机系统）：用于设置所使用的摄像机系统。
- Camera Position（摄像机位置）：用于设置摄像机的位置、景深及旋转角度等。
- Lighting（灯光）：用于设置灯光类型、颜色、亮度等。
- Material（材质）：用于设置卡片效果的材质以及与灯光效果的反射作用。
- Position Jitter（位置抖动）：用于设置卡片在画面中位置抖动的动画效果，可设置X、Y、Z三个轴向抖动大小以及三个轴向的抖动速度。
- Rotation Jitter（旋转抖动）：用于设置卡片在画面中旋转抖动的动画效果，可设置X、Y、Z三个轴向抖动大小以及三个轴向的抖动速度。

STEP 04 为"电视包装实例解析文字2"层加入自带特效CC Light Sweep（CC扫光）效

果。单击选择"电视包装实例解析文字 2"层，执行菜单栏中的 Effect（滤镜）| Generate（生成）| CC Light Sweep（CC 扫光）命令，这时在 Effects Controls（特效控制）面板看到 CC Light Sweep（CC 扫光）插件已经添加到"电视包装实例解析文字 2"层之上。同时在画面上也可以看到 CC Light Sweep（CC 扫光）的简单效果。如图 2-56 所示。

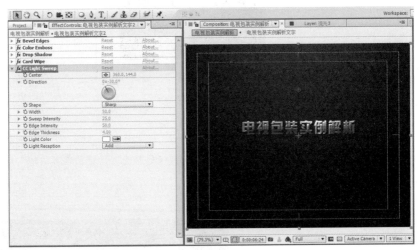

图2-56　为"电视包装实例解析文字2"层加入CC Light Sweep（CC 扫光）效果

STEP 05 设置 CC Light Sweep（CC 扫光）动画属性参数，因为之前设置的 CC Light Sweep（CC 扫光）动画在 0:00:06:24 处结束，所以下面的扫光动画应该从这一时间点开始，在时间线上单击选择"电视包装实例解析文字 2"层，将时间线游标移置 0:00:06:24 处，打开 Center（中心点）关键帧码表，设置 Center（中心点）参数为 0.0，246.0，如图 2-57 所示；将时间线游标移置 0:00:08:06 处，设置 Center（中心点）参数为 676.0，246.0，如图 2-58 所示。

STEP 06 设置 CC Light Sweep（CC 扫光）其他属性参数，设置 Direction（方向）值为 0x+-17.0°，Width（宽度）值为 70.0，Sweep Intensity（扫光亮度）值为 28.0，Edge Intensity（边缘亮度）值为 73.0，Edge Thickness（边缘厚度）值为 3.90，其他参数保持不变，如图 2-59 所示。

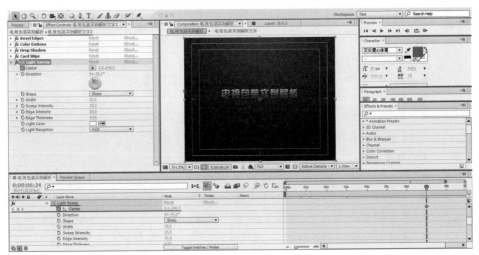

图2-57　设置0:00:06:24处CC Light Sweep（CC 扫光）动画属性参数

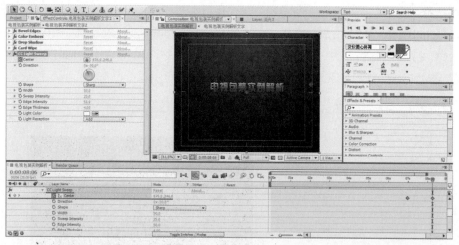

图2-58　设置0:00:08:06处CC Light Sweep（CC扫光）动画属性参数

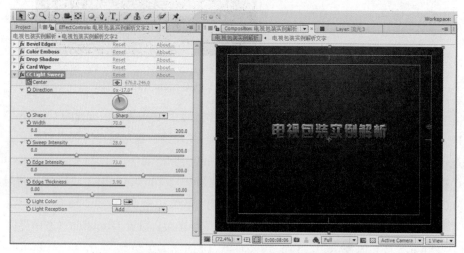

图2-59　设置CC Light Sweep（CC扫光）其他属性参数

 CC Light Sweep（CC扫光）是After Effects CS5.5自带的滤镜效果，主要以某个点为中心，从一侧向另外一侧以擦出效果做运动，从而产生扫光的效果。

CC Light Sweep（CC扫光）滤镜中文注解如下：

- Center（中心点）：用于设置扫光的中心点位置。
- Direction（方向）：用于设置扫光的旋转角度。
- Shape（形状）：用于设置扫光的形状，从其右侧下拉列表中可见其3个选项，Linear（线性）、Smooth（光滑）、Sharp（锐利）。
- Width（宽度）：用于设置扫光的宽度。
- Sweep Intensity（扫光亮度）：用于设置扫光的亮度。
- Edge Intensity（边缘亮度）：用于设置扫光边缘与图像相接处时的明暗程度。
- Edge Thickness（边缘厚度）：用于设置扫光边缘与图像相接处时的薄厚程度。
- Light Color（光线颜色）：用于设置产生扫光的颜色。
- Light Reception（光线接收）：用于设置扫光与图像之间的叠加方式。

STEP|07 视频动画部分设置结束，可以生成预览视频观看效果。如图2-60所示。

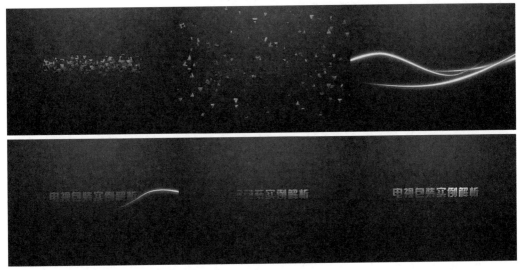

图2-60　生成预览视频效果

2.6　添加声音渲染输出

STEP|01 导入音频文件，执行菜单栏中的 File（文件）|Import（导入）|File（文件）命令，选择"第二章音乐"素材，单击打开。并将其拖至时间线上。选择【0】键生成预览效果。如图2-61所示。

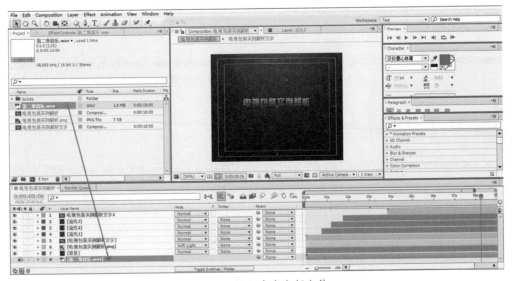

图2-61　导入本章音频文件

STEP|02 合成完毕，渲染 Targa 序列帧输出。执行菜单栏中的 Composition（合成）| Add to Render Queue（添加到渲染队列）命令。Output Module Settings（输出模块设置）如图2-62所示。

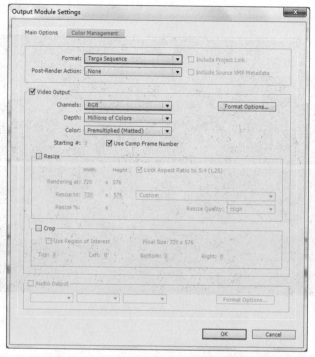

图2-62　Output Module Settings（输出模块设置）

STEP|03　单击【Render】按钮最终渲染输出。如图2-63所示。

图2-63　单击【Render】按钮最终渲染输出

2.7　本章小结

通过本章的学习，掌握使用After Effects CS6工作的基本流程以及了解After Effects CS6自带特效的常用方法和After Effects CS6外置插件应用技巧。

Chapter 03

我是军人

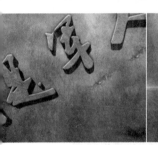

本章学习重点

- Knoll Light Factory（光工厂）使用方法
- Adjustment Layer（调节层）使用方法
- Fast Blur（快速模糊）使用方法
- Curves（曲线）使用方法
- Track Matte（轨迹蒙版）使用方法

制作思路

"我是军人"实例主要通过 Track Matte(轨迹蒙版)创建立体文字,使用 Knoll Light Factory(光工厂)外挂插件创建光斑效果,其中 Track Matte(轨迹蒙版)、Knoll Light Factory(光工厂)部分是本实例的关键,加上 Adjustment Layer(调节层)的使用方法、Curves(曲线)、Fast Blur(快速模糊)等 After Effects 内置插件的整合运用,构成了本例的三维立体字的最终合成效果。

3.1 导入背景素材文件

STEP 01 启动 After Effects CS6 软件,如图 3-1 所示。

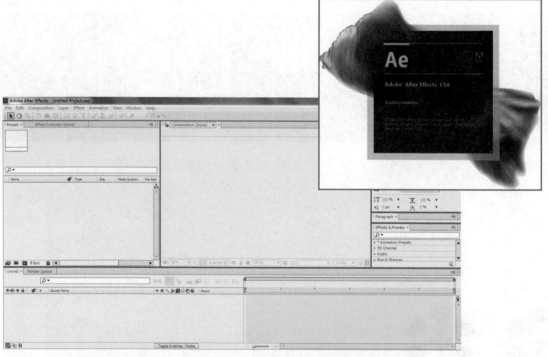

图3-1 启动After Effects CS6

STEP 02 执行菜单栏中的 Composition(合成)| New Composition(新建合成)命令,打开 Composition Setting(合成设置)对话框,设置 Composition Name(合成名称)为"我是军人",Preset(预置)为 PAL D1/DV,Pixel Aspect Ratio(像素宽高比)为 PAL D1/DV (1.09),Frame Rate(帧速率)为 25,Resolution(图像分辨率)为 Full,并设置 Duration(持续时间)为 0:00:10:00 秒,如图 3-2 所示。

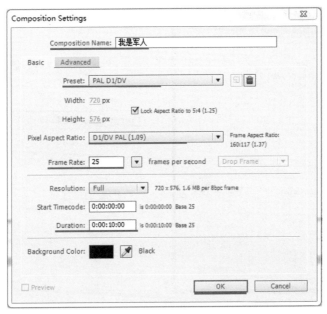

图3-2　Composition Setting（合成设置）

STEP 03　单击【OK】按钮，在 Project（项目）工程面板中将出现一个名为"我是军人"的合成层，同时在 Timeline（时间线）中也出现了"我是军人"的字样，如图3-3所示。

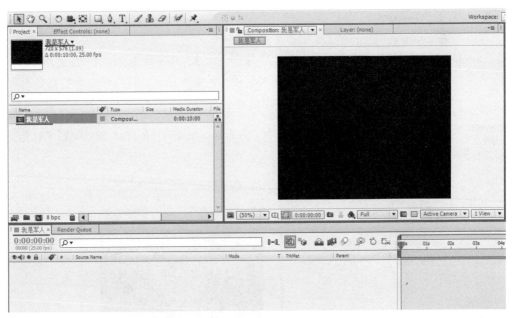

图3-3　Project（项目）与Timeline（时间线）

STEP 04　导入背景素材，执行菜单栏中的 File（文件）| Import（导入）| File（文件）命令，打开导入素材属性框，如图3-4所示。

STEP 05　在弹出的 Interpret Footage（解释素材）中设置 Alpha（通道）为 straight-unmatted（不带遮罩），单击【OK】键确定。如图3-5所示。

图3-4 导入素材属性框

图3-5 设置导入素材属性

提示 在导入素材的时候经常会使用到此选项，说明如下：
- Alpha：是指Alpha通道，Alpha通道是用来记录透明区域的。
- Ignore：忽略。
- Invert Alpha：反转通道。
- Straight-Unmatted：不带遮罩。
- Premultiplied-Matted With Color：带颜色遮罩，后面的色块即为可选遮罩颜色。
- Guess：猜测，如果不知道素材带的是哪种遮罩，可以单击此项选择自动选择识别。

STEP 06 在Project（项目）工程面板中选中"背景层"拖至Time line（时间线）"我是军人"上，如图3-6所示。

图3-6 将"背景层"拖至Time line（时间线）上

3.2 创建"我是军人"文字

STEP 01 输入文字,执行菜单栏中的 Layer(层)| New(新建)| Text(文字层)命令或者单击工具栏 T 图标,如图3-7所示。

图3-7

提示 工具栏提供了很多常用的编辑工具,使用这些工具可以在合成窗口中对素材进行选择、移动、缩放、旋转、文字、遮罩等操作。工具栏说明如图3-8所示。

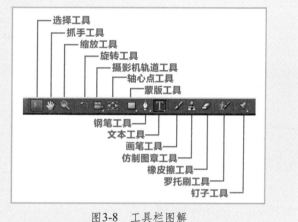

图3-8 工具栏图解

STEP 02 创建文字"我是军人",设置字体大小为129px,字体为"叶根友毛笔行书",颜色为黑色。如图3-9所示。

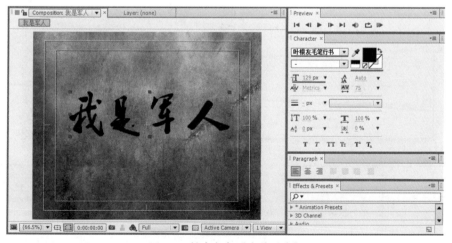

图3-9 创建文字"我是军人"

STEP 03 分别给"我是军人"层与"背景图"层做嵌套合成。首先选择"我是军人"层,执行菜单栏中的 Layer(层)| Pre-compose(预合成)命令,在弹出的属性框中设置 New composition name(新合成名称)为"我是军人文字",选择 Move all attributes in to the new composition(将所有物体的属性转移到新合成中),单击【OK】键确定。如图3-10所示。

图3-10 将"我是军人"层做嵌套合成

STEP 04 选择"背景图"层,使用快捷键【Ctrl+Shift+C】,在弹出的属性框中设置New composition name(新合成名称)为"背景",同样选择Move all attributes in to the new composition(将所有物体的属性转移到新合成中),单击【OK】键确定。如图3-11所示。

图3-11 将"背景层"做嵌套合成

STEP 05 将新嵌套的两个层"背景"层与"我是军人"层选择并复制,执行菜单Edit(编辑)|Duplicate(副本)命令。这时会产生两个新的副本层。如图3-12所示。

STEP 06 为便于区分素材,将第三层"我是军人文字"层进行重命名,单击鼠标右键,在弹出菜单中选择Rename(重命名),将此层改为"我是军人文字模糊层"。如图3-13所示。

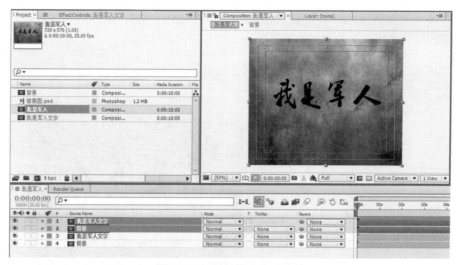

图3-12 复制新嵌套的两个层

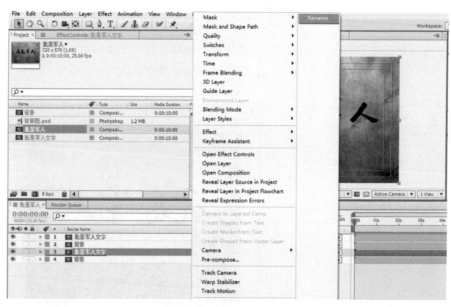

图3-13 将第三层"我是军人文字"层进行重命名为"我是军人文字模糊层"

3.3 为"我是军人模糊层"添加特效

STEP 01 为"我是军人文字模糊层"添加自带滤镜Fast Blur(快速模糊)。在时间线上单击选

择"我是军人文字模糊层"层,然后执行菜单栏中的 Effect(特技)| Blur&Sharpen(模糊与锐化)| Fast Blur(快速模糊)命令,如图3-14所示。

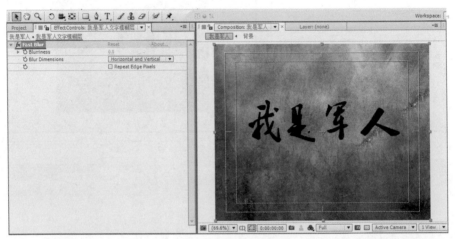

图3-14　为"我是军人文字模糊层"添加滤镜Fast Blur(快速模糊)

STEP 02 这时可以在 Effects Controls(特效控制)面板上看到 Fast Blur(快速模糊)插件已经添加到"我是军人文字模糊层"之上,设置 Blurriness(模糊)值为5。如图3-15所示。

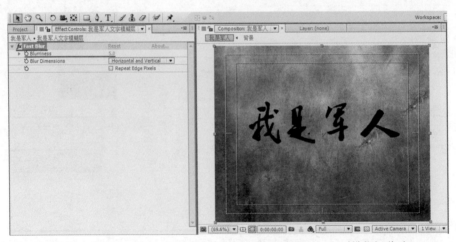

图3-15　在Effects Controls(特效控制)面板设置Blurriness(模糊)值为5

> **提示** Fast Blur(快速模糊)的各项参数含义如下:
> - Blurriness(模糊):用来设置画面模糊的程度。
> - Blur Dimensions(模糊方向):在右侧的下拉列表中选择用来设置模糊的方向,包括 Horizontal and Vertical(水平和垂直)Horizontal(水平)Vertical(垂直)三个选项。
> - Repeat Edge Pixels(排除边缘像素):勾选此选项后,可以排除图像边缘模糊。

STEP 03 选择第二层"背景"层,执行菜单栏中的 Effect(特技)| Color Correction(色彩校正)| Curves(曲线)命令,参数设置如图3-16所示。

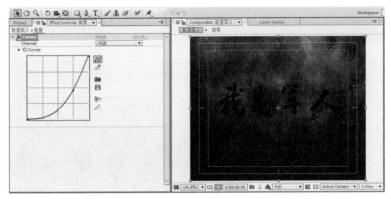

图3-16　添加Curves（曲线）特效

> **提示**　Curves（曲线）特效可以通过调整曲线的弯曲度或复杂程度来调整图像的亮区和暗区的分布情况。Curves（曲线）的各项参数含义如下：
> - Channel（通道）：从其右侧的下拉列表中选择图像的颜色通道。
> - （曲线工具）：可以在其左侧的控制区域内单击添加控制点，将控制点拖动至控制区之外，即可删除所选控制点，通过对控制点的调整可以改变图像亮区和暗区的分布效果。
> - （铅笔工具）：可以在其左侧的控制区域内单击进行拖动，手动绘制一条曲线来控制图像的亮区和暗区效果。
> - （打开）：单击该按钮，可以选择预先存储的曲线文件来调整画面的效果。
> - （存储）：保存调整好的曲线，以便以后再次使用。
> - （平滑）：单击该按钮，可以对设置的曲线进行平滑操作，多次单击后可使曲线恢复原预置效果。
> - （直线）：单击该按钮，可以使已调整的曲线变为初始的直线效果。

3.4　添加Track Matte（轨迹蒙版）

STEP 01　为第二层"背景"层添加Track Matte（轨迹蒙版），选择第二层"背景"，在其右侧Track Matte下拉列表中选择Alpha Matte"[我是军人文字]"选项，如图3-17所示。

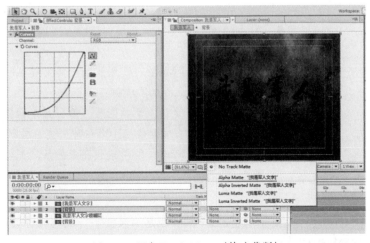

图3-17　添加Track Matte（轨迹蒙版）

STEP 02 在成功添加Track Matte（轨迹蒙版）之后，可以发现"我是军人文字"层变为了隐藏层，画面效果也随之发生了改变。如图3-18所示。

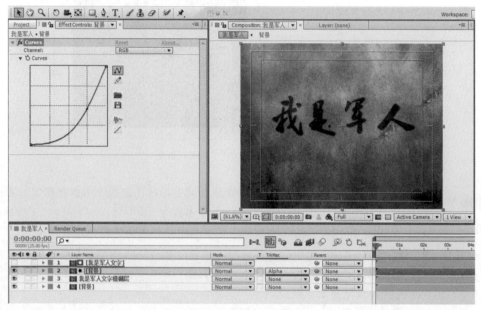

图3-18　成功添加Track Matte（轨迹蒙版）后的效果

 提示　在After Effects的时间线编辑应用中，可以把一个图层上方的素材层作为透明的Matte（蒙版图层），可以使用任何素材片段或静止图像作为Track Matte（轨迹蒙版）图层。下面的素材层将其上面的素材层作为轨迹蒙版图层，而自己则变为填充层，上面的素材图层显示特征为自动隐藏。当作为Track Matte（轨迹蒙版）图层被自动隐藏时，通过轨迹蒙版图层的Alpha通道就可以显示背景层了。
Track Matte（轨迹蒙版）图层各项参数含义如下：
- No Track Matte：不使用轨迹蒙版，不产生透明效果，上面的图层被当做普通图层。
- Alpha Matte：使用蒙版图层的Alpha通道，当Alpha通道的像素值为100%时，该图层不透明。
- Alpha Inverted Matte：使用蒙版图层反转Alpha通道，当Alpha通道的像素值为0%时，该图层不透明。
- Luma Matte：是以下面的图层为源，用上面图层的亮度信息做选区。使用蒙版的亮度值，当像素值为100%时，该图层不透明。
- Luma Inverted Matte：使用蒙版图层的反转亮度值，当像素的亮度值为0%时，该图层不透明。

STEP 03 单击选择时间线上的"我是军人文字"层与"背景"层，连续复制9次，并打开其三维属性层，如图3-19所示。

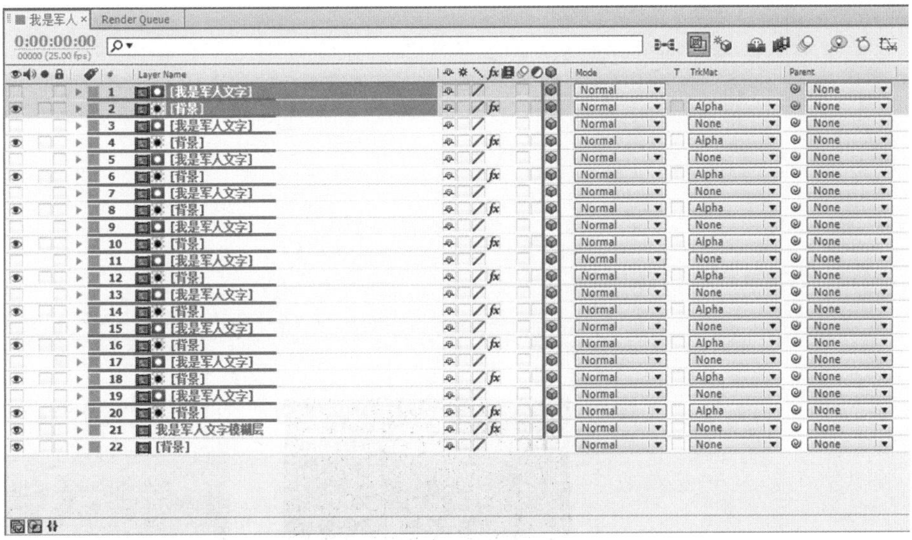

我是军人 Chapter 03

图3-19 复制"我是军人文字"层与"背景"层9次，打开三维属性层选项

3.5 切换合成视图显示模式

STEP 01 为了能更加清晰的观看到三维立体字的构成原理，可以打开2Views-Horizontal（双视图水平模式）进行操作，将左边视图调整为TOP（顶视图），右边的视图调整为Active Camera（活动摄影机），如图3-20所示。

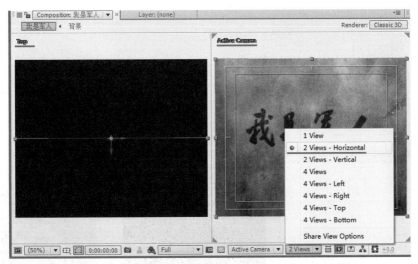

图3-20 设置视图模式为2Views-Horizontal（双视图水平模式）

STEP 02 下面制作文字的立体感，主要体现在Z轴的位移变化上。返回到Time line（时间线），将第19层"我是军人文字"与第20层"背景"的Transform（变化）展开，将二者Position（位移）均设置为360.0，288.0，5.0，将Z轴增加5个像素值。如图3-21所示。

STEP 03 设置第17层"我是军人文字"与第18层"背景"的Transform（变化）同时展开，将二者Position（位移）均设置为360.0，288.0，10.0，将Z轴增加10个像素值。如图3-22所示。

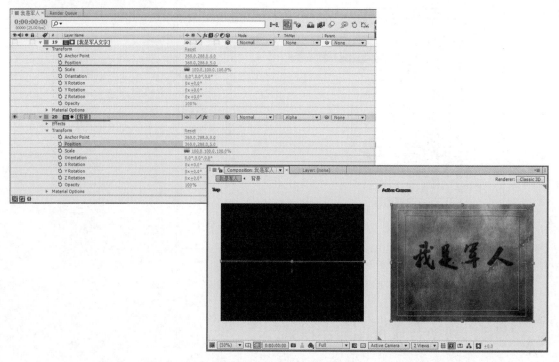

图3-21 设置第19层与第20层Position（位移）数值以及最终摄影机效果

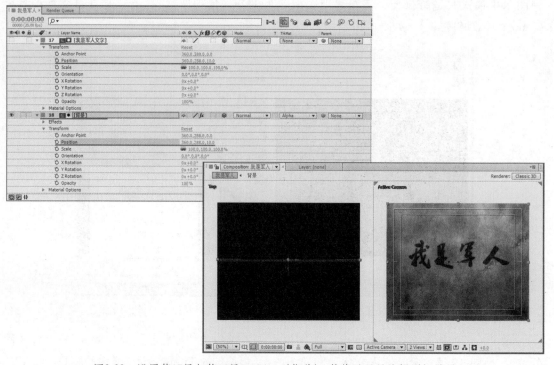

图3-22 设置第17层与第18层Position（位移）数值以及最终摄影机效果

STEP 04 设置第15层"我是军人文字"与第16层"背景"的Transform（变化）同时展开，将二者Position（位移）均设置为360.0，288.0，15.0，将Z轴增加15个像素值。如图3-23所示。

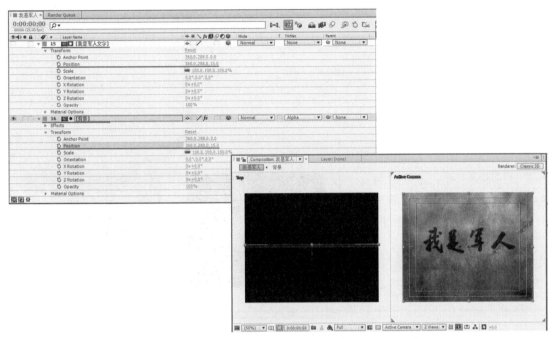

图3-23　设置第15层与第16层Position（位移）数值以及最终摄影机效果

STEP 05 设置第 13 层"我是军人文字"与第 14 层"背景"的 Transform（变化）同时展开，将二者 Position（位移）均设置为360.0，288.0，20.0，将 Z 轴增加 20 个像素值。如图 3-24 所示。

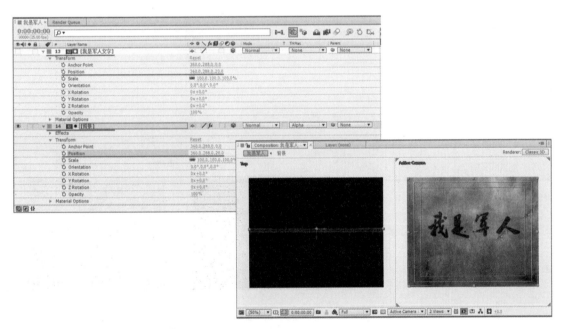

图3-24　设置第13层与第14层Position（位移）数值以及最终摄影机效果

STEP 06 设置第 11 层"我是军人文字"与第 12 层"背景"的 Transform（变化）同时展开，将二者 Position（位移）均设置为 360.0，288.0，25.0，将 Z 轴增加 25 个像素值。如图 3-25 所示。

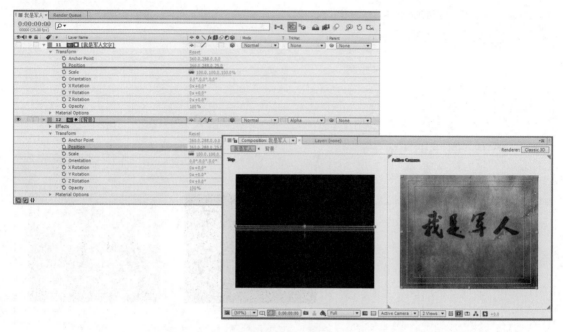

图3-25 设置第11层与第12层Position（位移）数值以及最终摄影机效果

STEP 07 设置第9层"我是军人文字"与第10层"背景"的Transform（变化）同时展开，将二者Position（位移）均设置为360.0，288.0，30.0，将Z轴增加30个像素值。如图3-26所示。

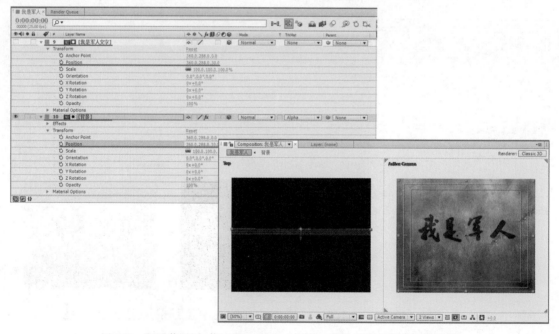

图3-26 设置第9层与第10层Position（位移）数值以及最终摄影机效果

STEP 08 设置第7层"我是军人文字"与第8层"背景"的Transform（变化）同时展开，将二者Position（位移）均设置为360.0，288.0，35.0，将Z轴增加35个像素值。如图3-27所示。

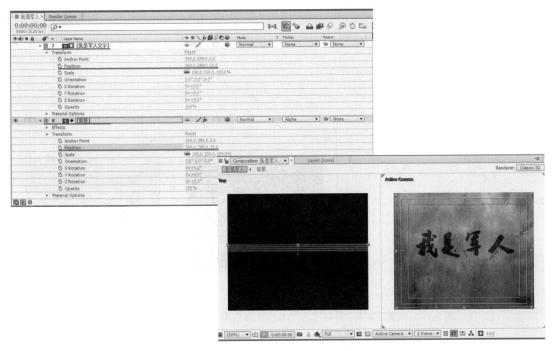

图3-27 设置第7层与第8层Position（位移）数值以及最终摄影机效果

STEP|09 设置第 5 层"我是军人文字"与第 6 层"背景"的 Transform（变化）同时展开，将二者 Position（位移）均设置为 360.0，288.0，40.0，将 Z 轴增加 40 个像素值。如图 3-28 所示。

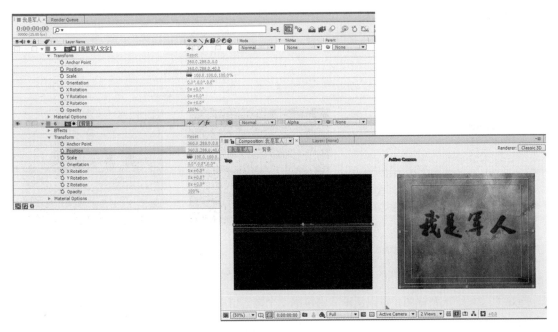

图3-28 设置第5层与第6层Position（位移）数值以及最终摄影机效果

STEP|10 设置第 3 层"我是军人文字"与第 4 层"背景"的 Transform（变化）同时展开，将二者 Position（位移）均设置为 360.0，288.0，45.0，将 Z 轴增加 45 个像素值。如图 3-29 所示。

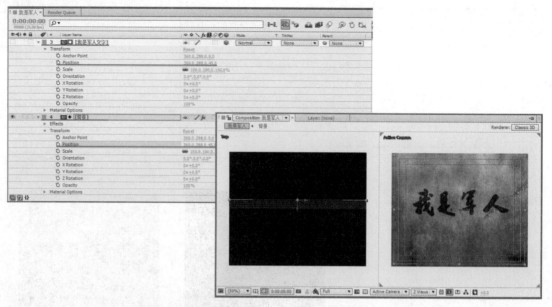

图3-29 设置第3层与第4层Position（位移）数值以及最终摄影机效果

STEP 11 第1层与第2层作为三维文字的最顶层，需要显示其轨迹蒙版的真实效果，所以Transform（变化）下的Position（位移）保持不变。如图3-30所示。

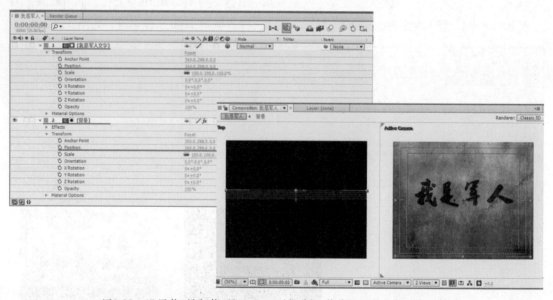

图3-30 设置第1层与第2层Position（位移）数值以及最终摄影机效果

STEP 12 放大TOP视图，可以清晰看到每隔5个像素值素材在Z轴向的变化。如图3-31所示。

> **提示** 从上面的系列位移操作不难看出，文字的立体感主要是体现在文字Z轴的位移上，以5个点为一个单位做位移，在Z轴上会不断看到位移变化操作9次之后，文字的立体感便会随之产生。当然，如果想立体感再强一些，可以继续操作位移设置。

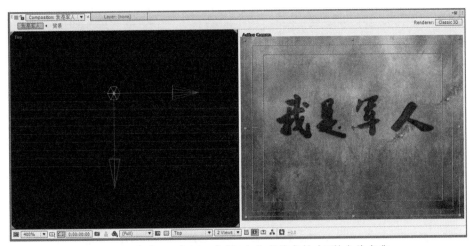

图3-31　放大TOP视图，每隔5个像素值素材在Z轴向的变化

STEP 13 仔细观察不难发现现在文字效果暗了许多。需要的是Track Matte（轨迹蒙版）的真实效果，所以选择第二层的"背景"层，进入Effects Controls（特效控制）面板，将之前添加的Curves（曲线）特技隐藏，便会得到想要的效果。如图3-32所示。

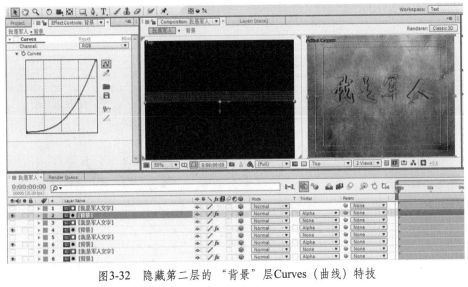

图3-32　隐藏第二层的"背景"层Curves（曲线）特技

3.6　为文字创建立体效果

STEP 01 为了使得到的文字立体感更强一些，可以为其加入一组高光点。选择时间线上的第一层"我是军人文字"，执行菜单Edit（编辑）|Duplicate（副本）命令，可以看到新产生的副本层"我是军人文字"，单击选择 图标将本层显示，如图3-33所示。

STEP 02 选择新副本"我是军人文字"层，执行菜单栏中的Effect（特技）|Perspective（透视）| Bevel Alpha（Alpha斜角）命令，设置Edge Thickness（边缘厚度）参数值为1.70，Light Angle（光源角度）为0x+0.0°，Light Intensity（光照强度）值为0.88，如图3-34所示。

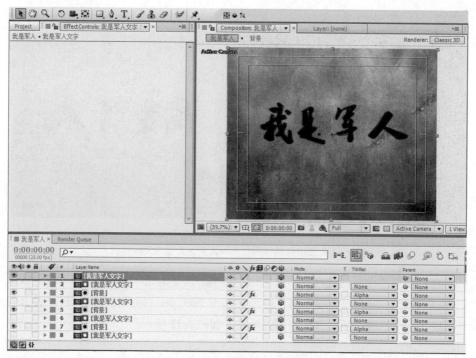

图3-33 副本"我是军人文字"层

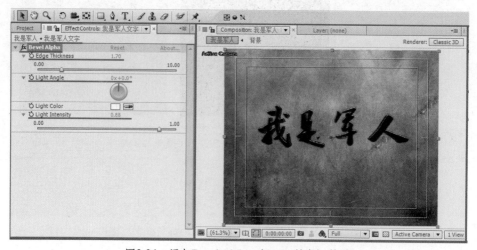

图3-34 添加Bevel Alpha（Alpha斜角）特效

> 提示　Bevel Alpha（Alpha 斜角）参数含义如下：
> - Edge Thickness（边缘厚度）：用于设置边缘斜角的厚度。
> - Light Angle（光源角度）：用于设置模拟灯光的角度。
> - Light Color（光源颜色）：用于设置模拟灯光的颜色。
> - Light Intensity（光照强度）：用于设置灯光照射的强度。

STEP|03　选择时间线新副本"我是军人文字"层，调整 Mode（混合模式）为 Add（增加），可以得到最终模拟三维立体字的效果。如图 3-35 所示。

图3-35 调整Mode（混合模式）为Add（相加）

> **提示** Blending Mode（混合模式）的选择决定当前层的图像与其下面层图像之间的混合形式，是制作图像效果的最简洁、最有效的方法之一。使用Add（增加）模式将基色与混合色相加，可以得到更为明亮的颜色。混合色为纯黑或纯白时不发生变化。

STEP|04 在时间线面板将第1层～第22层依次选择做嵌套打包后加入摄像机动画。配合【Shift】键选择第1～22层，执行菜单栏中的Layer（层）| Pre-compose（预合成）命令，在弹出的属性框中设置New composition name（新合成名称）为"三维立体字"，选择Move all attributes in to the new composition（将所有物体的属性转移到新合成中），单击【OK】键确定。如图3-36所示。

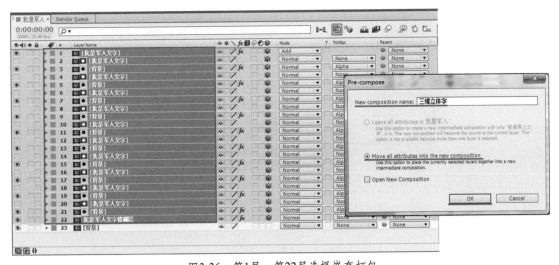

图3-36 第1层～第22层选择嵌套打包

STEP|05 在加入摄影机之前，在时间线上选择"三维立体字"层，并且单击打开其三维属性选项。如图3-37所示。

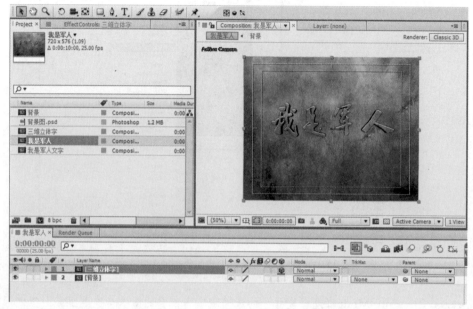

图3-37　打开"三维立体字"层三维属性

3.7　添加摄影机动画

STEP|01 添加三维摄影机，执行菜单栏中的Layer（层）| New（新建）| Camera（摄影机）命令，在弹出的对话窗口中设置Name（名称）为"摄影机"，Preset（预置）为Custom，单击【OK】键确定。如图3-38所示。

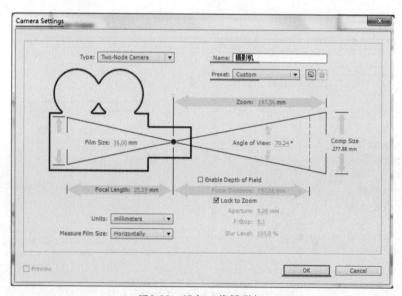

图3-38　添加三维摄影机

STEP 02 打开"三维立体字的" ■（塌陷）图标，展开 Transform（变化）列表，将 X Rotation （X 轴旋转）设置为 -15，其他参数不变。如图 3-39 所示。

图3-39　打开"三维立体字的"塌陷图标，设置X Rotation为-15

STEP 03 添加摄影机动画。选择摄影机图层，展开 Transform（变化）与 Camera Options （摄影机选项），将时间线游标移动至 0:00:00:00，打开关键帧码表 ■，设置 Z Rotation（Z 轴旋转）为 0x+320.0°，设置 Camera Options（摄影机选项）中 Zoom（放大）为 9999.0 pixels （4.5° H），如图 3-40 所示；将时间线游标移动至 0:00:03:00，设置 Z Rotation（Z 轴旋转）为 0x+0°，设置 Camera Options（摄影机选项）中 Zoom（放大）为 573.0 pixels（69.0° H），如图 3-41 所示；将时间线游标移动至 0:00:09:24，设置 Camera Options（摄影机选项）中 Zoom （放大）为 621.9 pixels（64.7° H），如图 3-42 所示。设置完毕按【0】键生成预览。

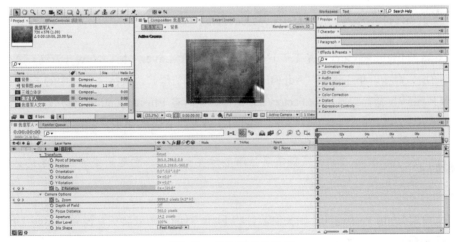

图3-40　关键帧参数设置

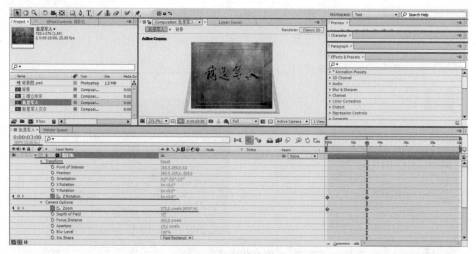

图3-41 关键帧参数设置

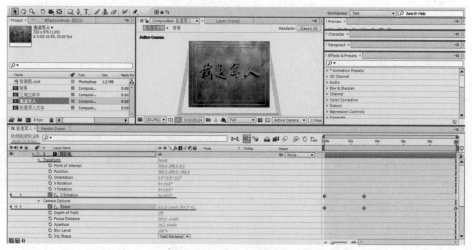

图3-42 关键帧参数设置

3.8 制作Light Factory光效动画

STEP|01 添加Light Factory（光工厂）插件。执行菜单Layer（层）|New（新建）|Adjustment Layer（调节层）命令，单击选择"Adjustment Layer（调节层）"，执行菜单栏中的Effect（滤镜）|Knoll Light Factory（光工厂）|Light Factory EZ命令，这时在Effects Controls（特效控制）面板上看到Light Factory EZ插件已经添加到"Adjustment Layer（调节层）"之上。如图3-43所示。

> **提示** Adjustment Layer（调节层）不显示在画面中，主要用来添加效果的调节作用，更好的控制画面效果。

STEP|02 设置Light Factory EZ相关参数，将Flare Type（光斑类型）设置为Red Laser。可以直观地看到光斑的效果。如图3-44所示。

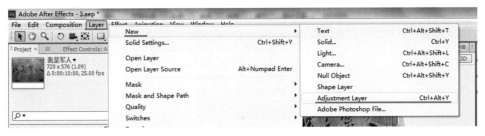

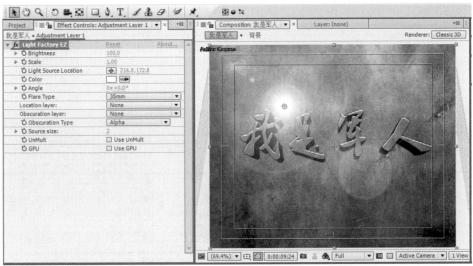

图3-43 新建Adjustment Layer（调节层）添加Light Factory（光工厂）插件

图3-44 设置Light Factory EZ参数Flare Type（光斑类型）为Red Laser

STEP 03 设置 Light Factory EZ 参数位置和光斑角度动画，在时间线上将游标拖动至 0:00:03:00 处，单击码表图标并设置关键帧，设置 Light Source Location（光源位置）为 -520.0,332.8；设置 Angle（光源投射角度）为 0x+0.0°。如图 3-45 所示。

STEP 04 将时间线上游标拖动至 0:00:03:23 处，设置 Light Source Location（光源位置）为 384.0,332.8，Angle（光源投射角度）为 0x+33.1°。如图 3-46 所示。

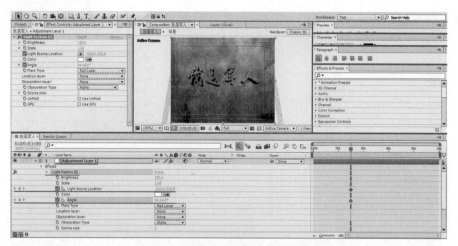

图3-45　设置0:00:03:00处关键帧参数

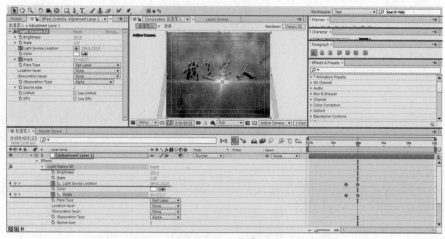

图3-46　设置0:00:03:23处关键帧参数

STEP|05　将时间线上游标拖动至 0:00:08:00 处，设置 Light Source Location（光源位置）为 1756.0, 332.8，Angle（光源投射角度）为 0x+180.0°。如图 3-47 所示。

图3-47　设置0:00:08:00处关键帧参数

STEP 06 在时间线上单击展开 Adjustment Layer 层的 Transform（变化）选项，为 Adjustment Layer 层的 0:00:02:13 处添加不透明度动画，单击码表 图标并设置关键帧，设置 Opacity（不透明度为）0%。如图 3-48 所示。

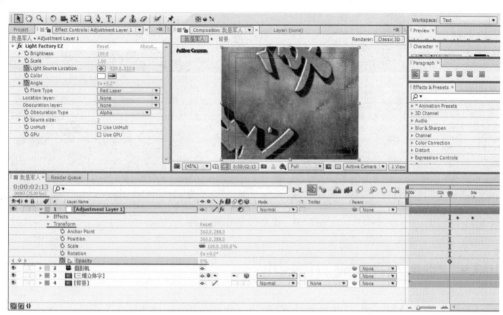

图3-48　设置0:00:02:13处Opacity（不透明度）为0%

STEP 07 将游标移动至 0:00:03:00 处，设置 Opacity（不透明度为）100%。如图 3-49 所示。

图3-49　设置0:00:03:00处Opacity（不透明度）为100%

STEP 08 视频动画设置部分结束，可以生成预览视频观看效果。如图 3-50 所示。

图3-50 生成预览视频效果

3.9 添加声音合成渲染输出

STEP 01 导入音频文件。执行菜单栏中的 File（文件）|Import（导入）|File（文件）命令，选择"第三章音乐"素材，单击打开。并将其拖至时间线上。选择【0】键生成预览效果。如图 3-51 所示。

图3-51 导入本章音频文件

STEP 02 合成完毕，渲染 Targa 序列帧输出。执行菜单栏中的 Composition（合成）|Add to Render Queue（添加到渲染队列）命令。Output Module Settings（输出模块设置）如图 3-52 所示。

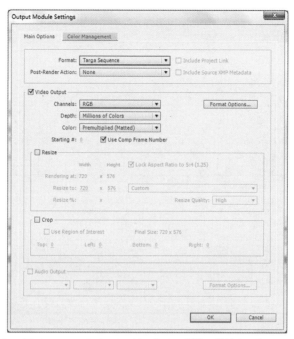

图3-52 Output Module Settings（输出模块设置）

STEP 03 单击【Render】按钮最终渲染输出。如图 3-53 所示。

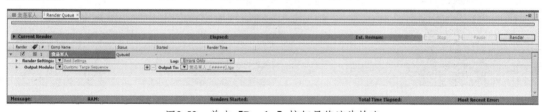

图3-53 单击【Render】按钮最终渲染输出

3.10 本章小结

通过本章的学习，主要使大家对 Knoll Light Factory（光工厂）这个 After Effects 的外挂插件有基础的认识，Knoll Light Factory 是一款非常棒的光源效果插件工具，是 After Effects 外置插件中应用比较广泛的插件之一，本章所使用的 Knoll Light Factory 版本为 V2.70。它提供了数十种的光源与光斑效果，在后期制作时可以任意搭配，方便即时预览和制作特殊的炫目效果。

Chapter 04

时尚蓝色演绎

本章学习重点

- Light（灯光）使用方法
- CC Particle World（CC粒子模拟世界）使用方法
- Vegas（描绘）使用方法
- Glow（发光）使用方法
- Bevel Alpha（Alpha斜角）使用方法

4 时尚蓝色演绎

制作思路

"时尚蓝色演绎"实例效果主要通过 After Effects 自带的 Vegas（描绘）、Glow（发光）、CC Particle World（CC 粒子模拟世界）等特效的灵活运用来完成的，加上灯光效果、蒙版效果、层的组合嵌套效果和摄影机的简单动画效果等多种知识点的综合运用，构成了本章的最终合成效果。

4.1 创建合成背景画面

STEP 01 启动 After Effects CS6 软件，如图 4-1 所示。

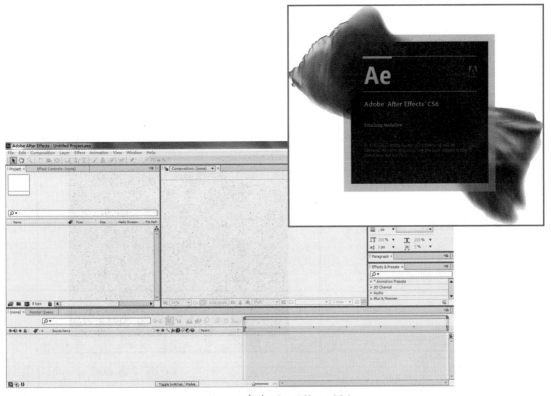

图4-1 启动After Effects CS6

STEP 02 执行菜单栏中的 Composition（合成）| New Composition（新建合成）命令，打开 Composition Setting（合成设置）对话框，设置 Composition Name（合成名称）为"时尚蓝色演绎"，并设置 Preset（预置）为 PAL D1/DV，Pixel Aspect Ratio（像素宽高比）为 PAL D1/DV (1.09)，Frame Rate（帧速率）为 25，Resolution（图像分辨率）为 Full，Duration（持续时间）为 0:00:10:00 秒，如图 4-2 所示。

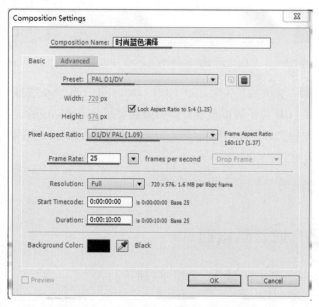

图4-2 Composition Setting（合成设置）

STEP 03 单击【OK】按钮确定后，在Project（项目）工程面板中将出现一个名为"时尚蓝色演绎"的合成层，同时在Timeline（时间线）中也出现了"时尚蓝色演绎"的字样，如图4-3所示。

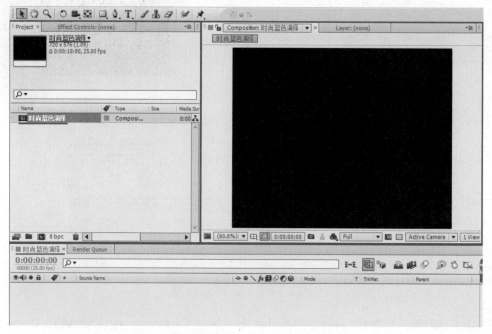

图4-3 Project（项目）与Timeline（时间线）

STEP 04 创建两个背景层。首先执行菜单栏中的Layer（层）|New（新建）|Solid（固态层）命令，在弹出的对话窗口中设置Name（名称）为"背景层下"，设置Solid Color（固态层颜色）为"R：2、G：54、B：139"，单击【OK】键确定。如图4-4所示。

时尚蓝色演绎

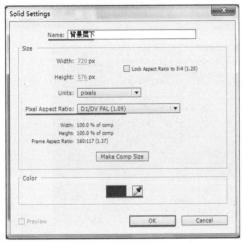 

图4-4　Solid（固态层）设置

STEP 05 创建"背景层上"。执行菜单栏中的 Layer（层）| New（新建）|Solid（固态层）命令，在弹出的对话窗口中设置 Name（名称）为"背景层上"，设置 Solid Color（固态层颜色）值为"R：2、G：54、B：139"。单击【OK】键确定。如图4-5所示。

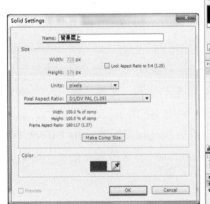 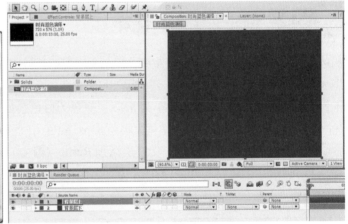

图4-5　创建"背景层上"

STEP 06 为"背景层上"添加 Linear Wipe（线性擦除）特效。执行菜单 Effect（滤镜）|Transition（过渡）| Linear Wipe（线性擦除）命令，设置 Transition Completion（转换完成）值为50%，Wipe Angle（擦除角度）值为 0x+ 0.0°，Feather（羽化）值为100。如图4-6所示。

> 提示　Linear Wipe（线性擦除）可以以一条直线为界限进行切换，从而产生线性擦除的效果，其中各项参数含义如下：
> - Transition Completion（转换完成）：用来设置图像擦除的大小程度。
> - Wipe Angle（擦除角度）：用来设置图像擦除的角度。
> - Feather（羽化）：用来设置图像擦除时边缘羽化程度。

After Effects CS6　089

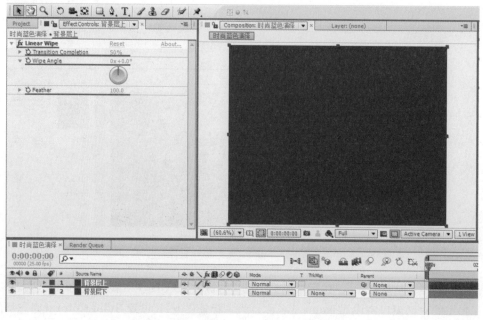

图4-6　Linear Wipe（线性擦除）参数设置

4.2　创建文字添加特效

STEP 01　制作第一组文字动画镜头。添加文字层，执行菜单栏中的 Layer（层）| New（新建）| Text（文字层）命令或者单击工具栏 图标，输入文字"时尚蓝色演绎"。设置"时尚演绎"字体为"时尚中黑简体"，字体大小为53px，颜色为白色，如图4-7所示。设置"蓝色"字体为"叶根友蚕燕隶书（新春版）"，字体大小为83px，颜色为白色，如图4-8所示。

STEP 02　为"时尚蓝色演绎"文字层添加 Ramp（渐变）特效，执行菜单栏中的 Effect（滤镜）| Generate（生成）| Ramp（渐变）命令，此时在 Effects Controls（特效控制）面板上会看到 Ramp（渐变）特效已经添加到"时尚蓝色演绎"文字层之上。如图4-9所示。

图4-7　设置"时尚演绎"字体及文字大小

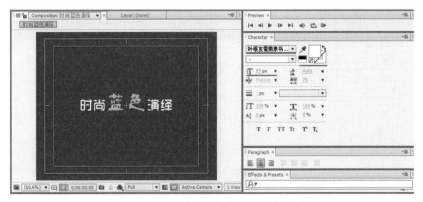

图4-8 设置"蓝色"字体及文字大小

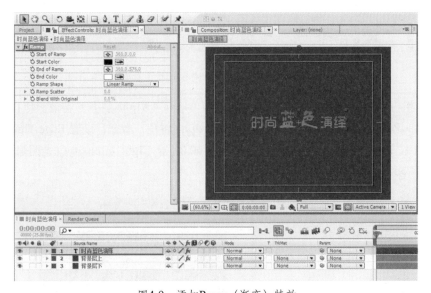

图4-9 添加Ramp（渐变）特效

STEP|03 将 Ramp（渐变）中 Start of Ramp（开始点）设置为360.0，220.0；设置 Start Color（开始颜色）为白色"R：255、G：255、B：255"；设置 End of Ramp（结束点）为"360.0，366.0"；设置 End Color（结束颜色）为灰色"R：54、G：55、B：58"，其他参数保持不变。如图4-10所示。

 提示

Ramp（渐变）特效可以产生双色渐变效果，能与原始图像融合产生新的渐变效果。其中各项参数含义如下：

- Start of Ramp（开始点）：用于设置渐变开始的位置。
- Start Color（开始颜色）：用于设置渐变开始的颜色。
- End of Ramp（结束点）：用于设置渐变结束的位置。
- End Color（结束颜色）：用于设置渐变结束的颜色。
- Ramp Shape（渐变形状）：用于设置渐变的形式，包括Linear（线性渐变）和Radial Ramp（放射渐变）两个选项。
- Ramp Scatter（渐变扩散）：用于设置渐变扩散的程度，值设置过大时将产生颗粒效果。
- Blend With Original（混合原图）：用于设置渐变颜色与原图像的混合百分比。

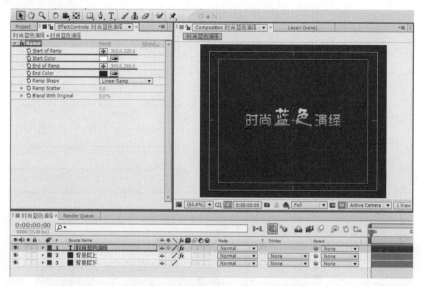

图4-10 设置Ramp（渐变）相关参数

STEP|04 为"时尚蓝色演绎"文字层添加 Bevel Alpha（Alpha 斜角）特效。执行菜单栏中的 Effect（特技）|Perspective（透视）| Bevel Alpha（Alpha 斜角）命令，设置 Edge Thickness（边缘厚度）为 2.10；Light Angle（光源角度）为 0x+ -60.0°；Light Intensity（光照强度）为 0.62。如图 4-11 所示。

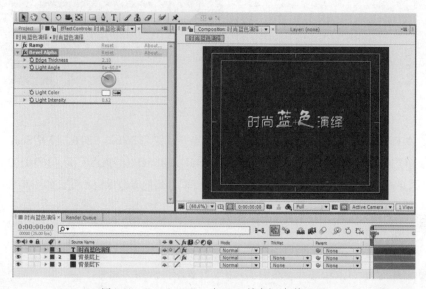

图4-11 Bevel Alpha（Alpha斜角）参数设置

Bevel Alpha（Alpha 斜角）参数含义如下：
- Edge Thickness（边缘厚度）：用于设置边缘斜角的厚度。
- Light Angle（光源角度）：用于设置模拟灯光的角度。
- Light Color（光源颜色）：用于设置模拟灯光的颜色。
- Light Intensity（光照强度）：用于设置灯光照射的强度。

STEP|05 为"时尚蓝色演绎"文字层添加 CC Light Sweep（CC 扫光）动画效果。单击选择"时尚蓝色演绎"层，执行菜单栏中的 Effect（滤镜）| Generate（生成）| CC Light Sweep（CC 扫光）命令，在 Effects Controls（特效控制）面板上可以看到特效添加之后的效果。如图 4-12 所示。

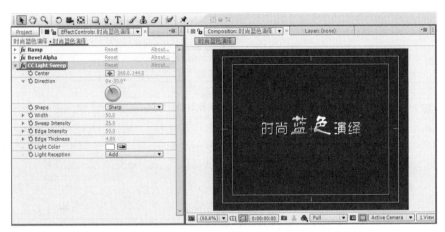

图4-12　添加 CC Light Sweep（CC 扫光）特效

STEP|06 设置扫光效果具体参数。设置 Center（中心点）值为 365.0,274.0；Direction（方向）值为 0x+90.0°；Width（宽度）值为 19.0；Sweep Intensity（扫光亮度）值为 53.0；Edge Intensity（边缘亮度）值为 0.0，Edge Thickness（边缘厚度）值为 0.00。如图 4-13 所示。

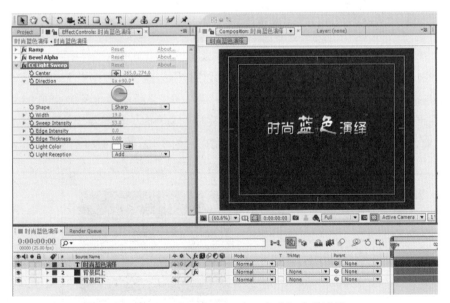

图4-13　CC Light Sweep（CC 扫光）参数设置

STEP|07 将"时尚蓝色演绎"层做嵌套，选择"时尚蓝色演绎"层，执行菜单栏中的 Layer（层）| Pre-compose（预合成）命令，在弹出的属性框中设置 New composition name（新合成名称）为"时尚蓝色演绎文字"，选择 Move all attributes in to the new composition（将所有物体的属性转移到新合成中），单击【OK】确定。如图 4-14 所示。

图4-14　将"时尚蓝色演绎"层做嵌套合成

> **提示**
>
> CC Light Sweep（CC扫光）是After Effects CS6自带的滤镜效果，主要以某个点为中心，从一侧向另外一侧以擦出效果做运动，从而产生扫光的效果。
>
> CC Light Sweep（CC扫光）滤镜参数含义如下：
>
> - Center（中心点）：用于设置扫光的中心点位置。
> - Direction（方向）：用于设置扫光的旋转角度。
> - Shape（形状）：用于设置扫光的形状，从其右侧下拉列表中可见其3个选项，Linear（线性）、Smooth（光滑）、Sharp（锐利）。
> - Width（宽度）：用于设置扫光的宽度。
> - Sweep Intensity（扫光亮度）：用于设置扫光的亮度。
> - Edge Intensity（边缘亮度）：用于设置扫光边缘与图像相接处时的明暗程度。
> - Edge Thickness（边缘厚度）：用于设置扫光边缘与图像相接处时的薄厚程度。
> - Light Color（光线颜色）：用于设置产生扫光的颜色。
> - Light Reception（光线接收）：用于设置扫光与图像之间的叠加方式。

STEP 08 在新嵌套的"时尚蓝色演绎文字"层上添加Linear Wipe（线性擦除）特效，执行菜单Effect（滤镜）|Transition（过渡）| Linear Wipe（线性擦除）命令，并设置Transition Completion（转换完成）特效动画，首先设置Feather（羽化）为100，将游标移动至0:00:00:05处，单击码表图标同时设置Transition Completion（转换完成）为90%，如图4-15所示；将游标移动至0:00:01:12处，设置Transition Completion（转换完成）为0%，如图4-16所示。

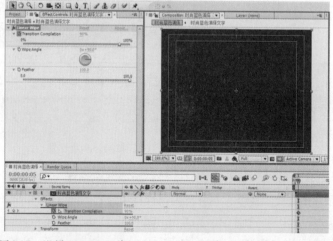

图4-15　设置0:00:00:05处Transition Completion（转换完成）为90%

时尚蓝色演绎

图4-16 设置0:00:01:12处Transition Completion（转换完成）为0%

STEP 09 通过小键盘【0】键预览会看到"时尚蓝色演绎文字"层由右及左的擦除动画效果。如图4-17所示。

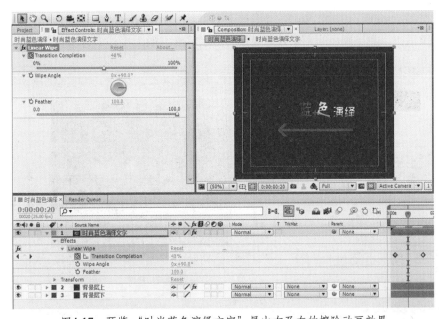

图4-17 预览"时尚蓝色演绎文字"层由右及左的擦除动画效果

4.3 导入光晕动画素材

STEP 01 导入一组光晕动画效果。执行菜单栏中的 File（文件）| Import（导入）|File（文件）命令，或者使用快捷键（Ctrl+I）打开导入素材属性框，在光晕文件夹中选择"guangyun_00000"素

After Effects CS6　095

材，并且勾选 Targa Sequence（Targa 序列），单击【打开】按钮。如图 4-18 所示。

STEP 02 在弹出的 Interpret Footage（解释素材）中设置 Alpha（通道）为 Straight-Unmatted（直接转换），单击【OK】键确定。如图 4-19 所示。

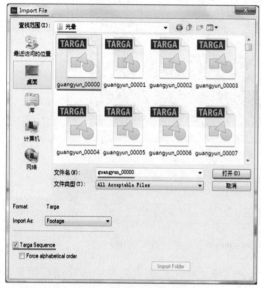

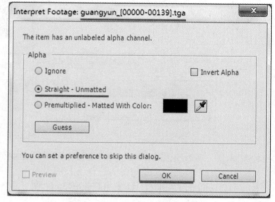

图4-18 导入一组光晕动画效果　　　　　　　图4-19 设置导入素材属性

STEP 03 将新导入的"guang yun"层拖拽至时间线上并设置 Mode（混合模式）为 Screen（屏幕），调整后可以看出画面的光晕效果也显得更加清晰。如图 4-20 所示。

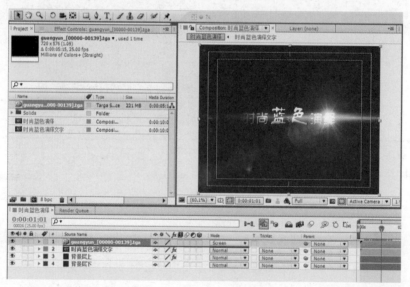

图4-20 将"guang yun"层调整Mode（混合模式）为Screen（屏幕）

> **提示** Screen（屏幕）模式是将图像下一层的颜色与当前层颜色结合起来，从而产生比这两种颜色都浅的第三种颜色，并将当前层的互补色与下一层颜色复合，产生出新的较亮的颜色。

4.4 制作VEGAS流光动画

STEP 01 使用Vegas（描绘）制作流光效果。执行菜单栏中的Layer（层）|New（新建）|Solid（固态层）命令，在弹出的对话窗口中设置Name（名称）为"Vegas流光"，单击【OK】键确定。如图4-21所示。

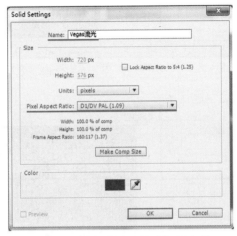

图4-21 新建"Vegas流光"固态层

STEP 02 在时间线上选择"Vegas流光"层，执行菜单栏中的Effect（滤镜）|Generate（生成）| Vegas（描绘）命令，这时在Effects Controls（特效控制）面板上会看到Vegas（描绘）已经添加到"Vegas流光"层之上，如图4-22所示。

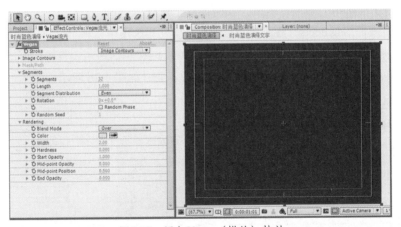

图4-22 添加Vegas（描绘）特效

STEP 03 在工具栏中选择 图标，在"Vegas流光"层上绘制Mask曲线图，其形状如图4-23所示。

STEP 04 在Effects Controls（特效控制）面板上设置Vegas特效相关参数，调整Stroke（描绘）方式为Mask/Path（遮罩和路径）；设置Mask/Path（遮罩和路径）中Path（路径）为Mask1；设置Segments（线段）为1；设置Length（长度）为0.410，其他参数不变。如图4-24所示。

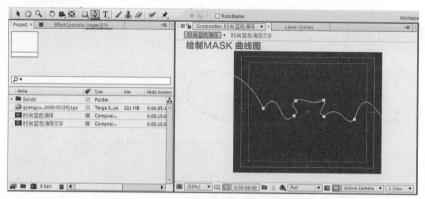

图4-23 在"Vegas流光"层上绘制Mask曲线图

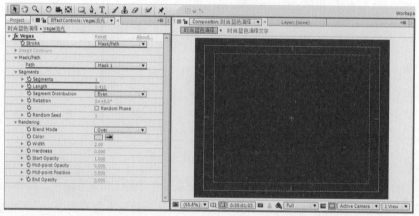

图4-24 在Effects Controls(特效控制)面板上设置Vegas特效相关参数

STEP|05 设置 Rotation(旋转)动画,在时间线上选择"Vegas流光"层,进入 Effects(滤镜)| Vegas(描绘)| Segments(线段)| Rotation(旋转)选项中,将游标移动至0:00:00:00处,单击码表 图标并设置 Rotation(旋转)为 0x+-66.0°如图 4-25 所示;将游标移动至 0:00:03:00处,设置 Rotation(旋转)为 2x+111.0°,其他参数不变。如图 4-26 所示。

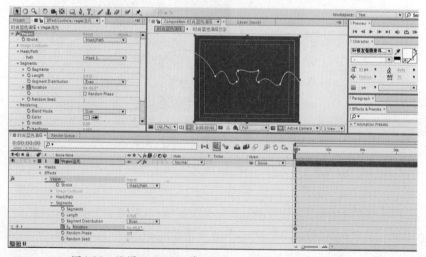

图4-25 设置0:00:00:00处Rotation(旋转)为0x+-66.0°

时尚蓝色演绎 Chapter 04

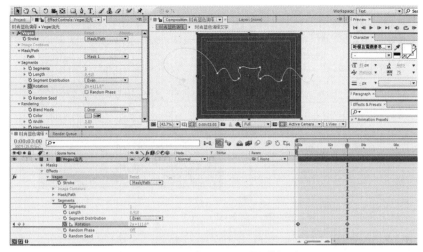

图4-26 设置0:00:03:00处Rotation（旋转）为2x+111.0°

STEP|06 在 Effects Controls（特效控制）面板上设置 Vegas 相关参数。单击勾选 Random Phase（随机相位），将线段位置进行随机分布设置；将 Blend Mode（混合模式）设置为 Transparent（透明），只显示出描绘的效果；设置 Color（颜色）为白色，Width（宽度）为 5.20，Hardness（硬度）为 1.000，Start Opacity（开始不透明度）为 0.070，Mid-point Opacity（中间点不透明度）为 1.000，Mid-point Position（中间点位置）为 0.999，End Opacity（结束不透明度）为 1.000。如图 4-27 所示。

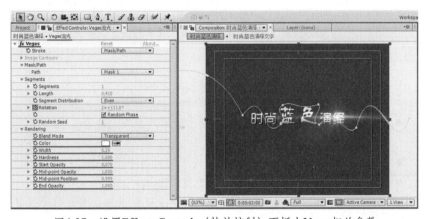

图4-27 设置Effects Controls（特效控制）面板上Vegas相关参数

STEP|07 通过预览可以看出，"Vegas 流光"层还是缺少一些亮度，接下来为"Vegas 流光"层添加一个 Glow（发光）效果。单击选择"Vegas 流光"层，执行菜单栏中的 Effect（滤镜）|Stylize（风格化）|Glow（发光）命令，这时在 Effects Controls（特效控制）面板上会看到 Glow（发光）插件已经添加到"Vegas 流光"层之上。如图 4-28 所示。

STEP|08 Glow（发光）特效的主要作用是寻找图像中亮度比较大的区域，然后对其进行加亮处理，从而产生发光的效果。设置 Glow Threshold（发光阈值）为 46.3%，Glow Radius（发光半径）值为 38.0，Glow Intensity（发光强度）值为 3.5，Glow Colors（发光颜色）为 A&B Colors，Color A 颜色 "R：88、G：198、B：255"，Color B 颜色 "R：5、G：59、B：215"。如图 4-29 所示。

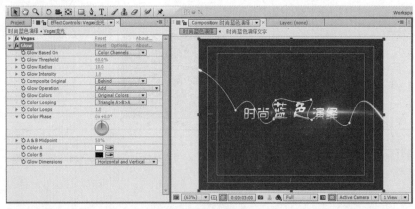

图4-28 添加Glow（发光）特效

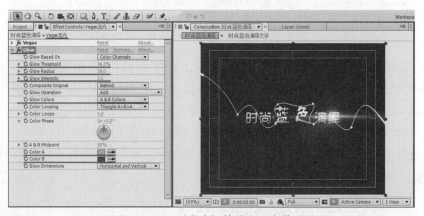

图4-29 Glow（发光）特效主要参数设置

Glow（发光）各项参数含义如下：

- Glow Based On（发光建立在）：用于选择发光建立的位置，包含Alpha Channel（Alpha通道）和Color Channels（颜色通道）两个选项。
- Glow Threshold（发光阈值）：用于设置产生发光的最大值，值越大，发光面积就越大。
- Glow Radius（发光半径）：用于设置发光的半径大小。
- Glow Intensity（发光强度）：用于设置发光的强度。
- Composite Original（原图合成）：用于设置发光与原图像的合成方式。
- Glow Operation（发光运算）：用于设置发光与原图像的混合模式。
- Glow Colors（发光颜色）：用于设置发光的颜色。
- Color Looping（发光循环）：用于设置发光颜色的循环方式。
- Color Loops（颜色循环）：用于设置发光颜色的循环次数。
- Color Phase（颜色相位）：用于设置发光颜色的位置。
- A&B Midpoint（A&B中心点）：用于设置A和B两用颜色的中心点位置。
- Color A（颜色A）：用于设置颜色A的色值。
- Color B（颜色B）：用于设置颜色B的色值。
- Glow Dimensions（发光维度）：用于设置发光的方式，包含Horizontal and Vertical（水平和垂直）、Horizontal（水平）、Vertical（垂直）三个选项。

STEP 09 将"Vegas 流光"层 Mode（混合模式）设置为 Add（相加）。如图 4-30 所示。

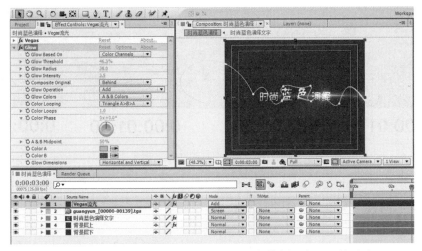

图 4-30 设置"Vegas流光"层Mode（混合模式）为Add（相加）

STEP 10 为使各层入画节奏更加协调，将"Vegas 流光"层的入画起始帧设置在 0:00:00:01 处。设置"Vegas 流光"层 Opacity（不透明度）动画，在时间线上单击打开 Opacity（不透明度）码表图标，在 0:00:03:01 处设置 Opacity（不透明度）值为 100%；在 0:00:03:15 处设置 Opacity（不透明度）值为 0%，如图 4-31 所示。并将"时尚蓝色演绎文字"层的入画起始帧设置在 0:00:00:05 处，如图 4-32 所示。

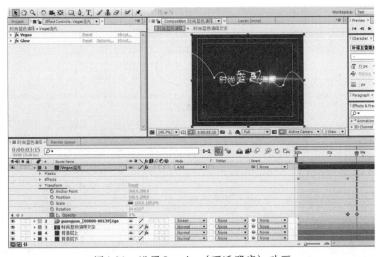

图 4-31 设置Opacity（不透明度）动画

图 4-32 分别设置"Vegas流光"与"时尚蓝色演绎文字"层的入画时间

STEP|11 设置完毕后可以按小键盘【0】键生成临时预览画面。如图4-33所示。

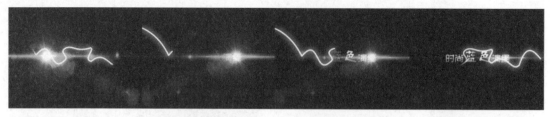

图4-33　生成临时预览画面效果

4.5 制作CC粒子动画效果

STEP|01 建立CC粒子固态层并调整层位置，将时间线游标移动至0:00:01:02处，执行菜单栏中的Layer（层）|New（新建）|Solid（固态层）命令，在弹出的对话窗口中设置Name（名称）为"CC粒子"，颜色设置为黑色，单击【OK】键确定。如图4-34所示。

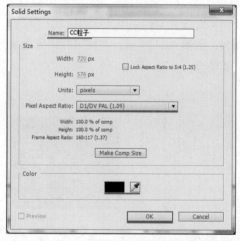

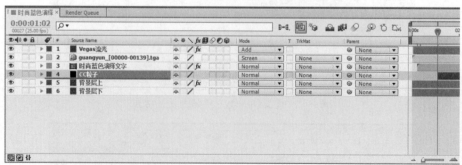

图4-34　建立CC粒子固态层

STEP|02 添加CC粒子特效。在时间线上选择"CC粒子"层，执行菜单栏中的Effect（滤镜）| Simulation（模拟）| CC Particle World（CC粒子模拟世界）命令，这时在Effects Controls（特

效控制）面板上会看到 CC Particle World 插件已经添加到"CC 粒子"层之上。在合成视窗中也会看到画面中产生了一个虚拟的三维场景。如图 4-35 所示。

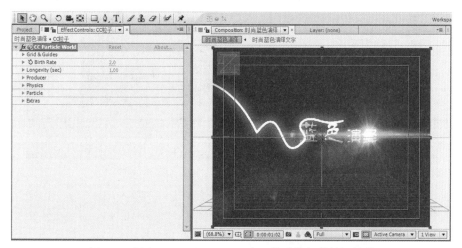

图4-35　添加CC Particle World（CC粒子模拟世界）特效

STEP 03　设置 Birth Rate（出生率）动画，将游标移动至 0:00:01:02 处，单击时间线上码表图标并设置关键帧，设置 Birth Rate（出生率）值为 10。如图 4-36 所示。

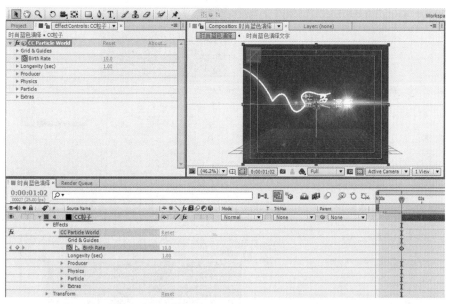

图4-36　设置0:00:01:02处Birth Rate（出生率）动画参数

STEP 04　在起始帧至 0:00:02:00 处保持不变，将游标移动至 0:00:02:00 处，设置 Birth Rate（出生率）也为 10。如图 4-37 所示。

STEP 05　由于 Birth Rate（出生率）由 0:00:01:02 处开始减少，当减少至 0:00:04:00 处结束消失，故将游标移动至 0:00:04:00 处，设置 Birth Rate（出生率）值为 0。如图 4-38 所示。

STEP 06　设置 CC Particle World（CC 粒子模拟世界）其他参数，将 Longevity（sec）（寿命）粒子每秒存活的时间设置为 0.71。如图 4-39 所示。

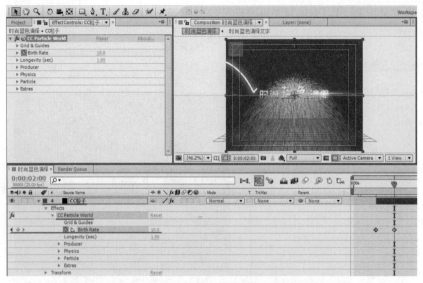

图4-37 设置0:00:02:00处Birth Rate（出生率）动画参数

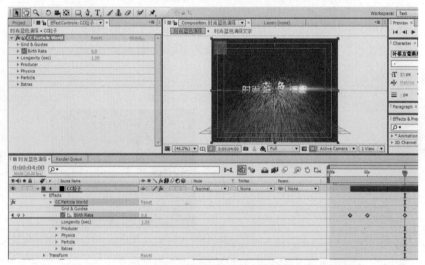

图4-38 设置0:00:04:00处Birth Rate（出生率）动画参数

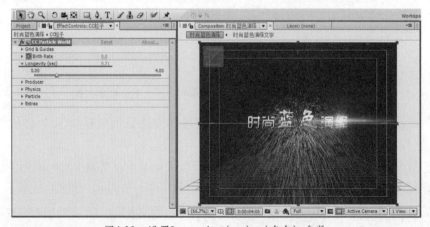

图4-39 设置Longevity（sec）（寿命）参数

STEP 07 设置Producer（发生器）中Position Y（Y轴位置）为值-0.05，Radius X（X轴半径）值为0.2，如图4-40所示。

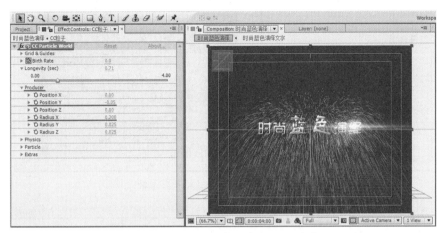

图4-40 设置Producer（发生器）参数

STEP 08 设置Physics（物理学）中Animation（动画）为Fire（火），Velocity（速度）为0.20，Resistance（阻力）为5.0，Extra（追加）为0.40，Extra Angle（追加角度）为0x+0.0°。如图4-41所示。

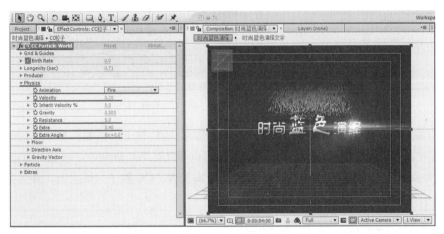

图4-41 设置Physics（物理学）参数

STEP 09 在Particle（粒子）中设置Particle Type（粒子类型）为Faded Sphere（球形衰减），Birth Size（产生大小）值为0.060，Death Size（消失大小）值为0.050，Max Opacity（最大不透明度）值为100%；设置Birth Color（产生颜色）为白色，Death Color（消失颜色）为白色。如图4-42所示。

STEP 10 设置Extras（追加）选项中Effect Camera（摄影机特效）的Rotation X（X轴旋转）为0x+75°，其他参数保持不变。如图4-43所示。

> 提示 Extras（追加）用于设置粒子的扭曲程度，当Animation（动画）的粒子方式不为Explosive（爆炸）方式时，Extras（追加）和Extras Angle（追加角度）才可以产生作用。

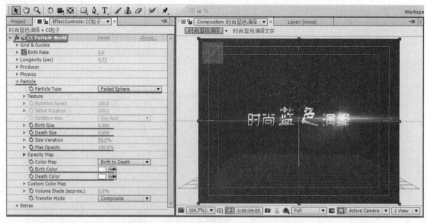

图4-42 设置Particle(粒子)参数

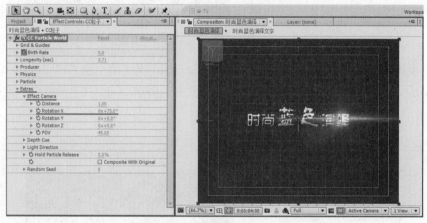

图4-43 设置Extras(追加)参数

STEP 11 为了使粒子的发光效果更加明显些,继续为"CC粒子"层加入Glow(发光)特效。执行菜单栏中的Effect(滤镜)|Stylize(风格化)|Glow(发光)命令,这时在Effects Controls(特效控制)面板上会看到Glow(发光)插件已经添加到"CC粒子"层之上,并且会直观地看到"CC粒子"层明亮了许多。如图4-44所示。

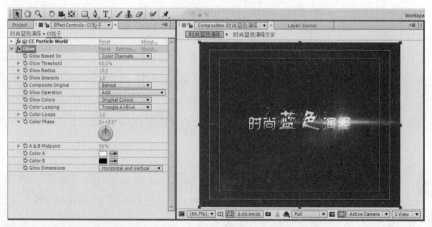

图4-44 为"CC粒子"层加入Glow(发光)特效

STEP 12 设置Glow（发光）特效的相关参数。设置Glow Threshold（发光阈值）为6.3%，Glow Radius（发光半径）值为100，Glow Intensity（发光强度）值为2.8，Composite Original（原图合成）方式为On Top（在顶端），Glow Colors（发光颜色）为A&B Colors（A至B颜色），Color Looping（发光循环）方式为Sawtooth A>B（A>B锯齿式），Color A颜色值为"R：57、G：169、B：255"，Color B颜色值为"R：84、G：148、B：255"。如图4-45所示。

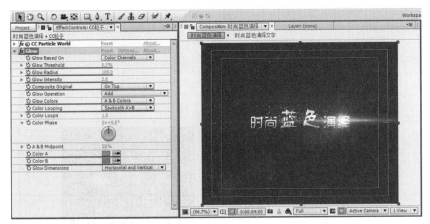

图4-45　设置Glow（发光）特效的相关参数

STEP 13 为便于管理和操作，将"Vegas流光"层、"guangyun"层、"时尚蓝色演绎文字"层、"CC粒子"层做嵌套合成。依次选择这4个层，执行菜单栏中的Layer（层）| Pre-compose（预合成）命令，在弹出的属性框中设置New composition name（新合成名称）为"镜头1"，选择Move all attributes in to the new composition（将所有物体的属性转移到新合成中），单击【OK】确定。如图4-46所示。

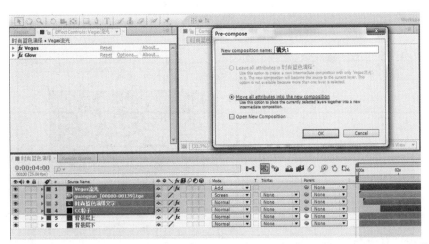

图4-46　将"Vegas流光"层、"guangyun"层、"时尚蓝色演绎文字"层、"CC粒子"层做嵌套合成

STEP 14 为表现"镜头1"的立体空间效果，下面为其制作投影效果。执行菜单栏中的Layer（层）| New（新建）| Solid（固态层）命令，在弹出的对话窗口中设置Name（名称）为"投影1"，设置Solid Color（固态层颜色）为黑色，调整其层位置到"镜头1"下方。单击【OK】键确定。如图4-47所示。

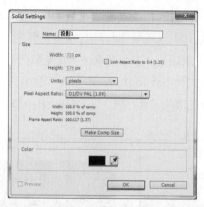

图4-47 新建"投影1"固态层

STEP 15 在时间线上单击"投影1"层,选择工具栏中 ■图标,为其添加椭圆形Mask蒙版,其形状大小如图4-48所示。

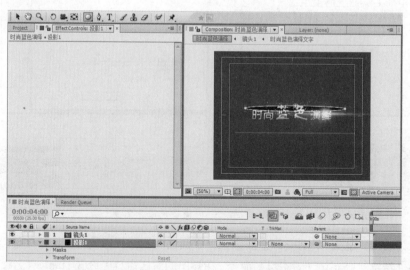

图4-48 为"投影1"层添加椭圆形蒙版

STEP 16 在时间线上展开Mask蒙版菜单选项,设置Mask Feather(蒙版羽化)值为52.0、

52.0 pixels。展开Transform（转换）选项，设置Position（位置）值为348.0、335.0，设置Scale（缩放）值为83.0、83.0。继续设置不透明度动画，在时间线上单击打开Opacity（不透明度）码表图标，在0:00:00:00处设置Opacity（不透明度）值为0%；在0:00:01:00处设置Opacity（不透明度）值为100%。如图4-49所示。

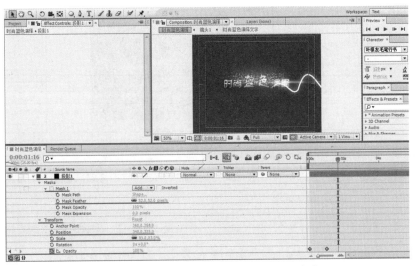

图4-49 设置Mask Feather（蒙版羽化）参数

> **提示** 蒙版主要用来制作背景的镂空透明和图像之间的平滑过渡等效果，它有多种形状可供选择，在After Effect中，可利用其自带的蒙版工具创建如方形、圆形、星形、多边形和自定义图形蒙版，一旦理解后很容易上手使用，而且非常实用。在使用过程中首先要具备一个层，可以是固态层、素材层、文字层或者是其他层，在相关的已知层中来创建蒙版，绘制过程中可以配合【Shift】键进行操作，可以创建出正圆或者正方形的蒙版。

STEP|17 制作"镜头1"层的镜像投影，在时间线上选择"镜头1"层，执行菜单Edit（编辑）|Duplicate（副本）命令，将新复制出的"镜头1"层作为镜像投影层，并且将此层调整至"投影1"层下面。如图4-50所示。

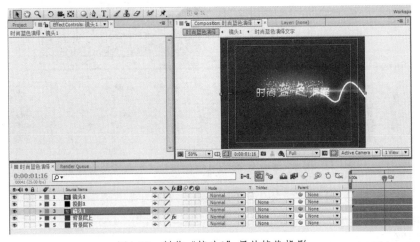

图4-50 制作"镜头1"层的镜像投影

STEP|18 在时间线上展开镜像投影层"镜头1"属性选项,设置Position(位置)值为360.0、336.0;在Scale(缩放)选项中取消 等比缩放开关图标,设置Scale(缩放)值为100.0、-100.0;设置Opacity(不透明度)值为30%。如图4-51所示。

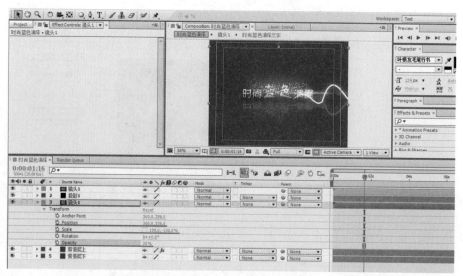

图4-51　设置镜像投影"镜头1"Transform(转换)选项相关参数

STEP|19 完善"镜头1"层的镜像投影效果。添加Linear Wipe(线性擦除)特效,执行菜单Effect(滤镜)|Transition(转换)|Linear Wipe(线性擦除)命令,设置Transition Completion(转换完成)为37%,设置Wipe Angle(擦除角度)为0x+ 0.0°,Feather(羽化)为44。如图4-52所示。

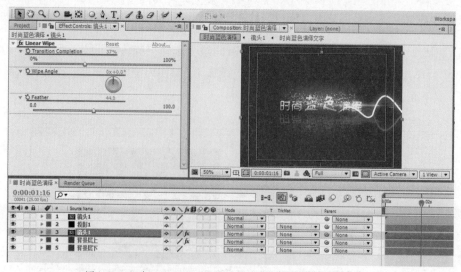

图4-52　添加Linear Wipe(线性擦除)特效及其参数设置

STEP|20 在时间线上将游标移动至0:00:04:10处,依次选择"镜头1"、"投影1"、"镜头1"三个层,将这三组镜头进行分割,执行菜单Edit(编辑)|Split Layer(分割层)命令,将新分割出的三个层删除。如图4-53所示。

时尚蓝色演绎

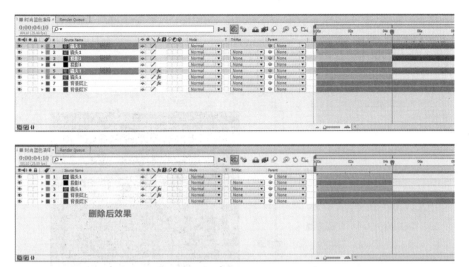

图4-53 在0:00:04:10处分割三个层并删除

> **提示** 因为第二组文字动画镜头的创建方式与第一组大致相同，为提高工作效率，在特技制作时可拷贝第一组相关特技属性。

STEP 21 制作第二组文字动画镜头。在 0:00:04:10 处开始创建"荣耀登场"文字层，执行菜单栏中的 Layer（层）|New（新建）|Text（文字层）命令或者单击工具栏 T 图标，输入文字"荣耀登场"，设置"荣耀登场"字体为"时尚中黑简体"，字体大小为 53px，字距为 14。如图 4-54 所示。

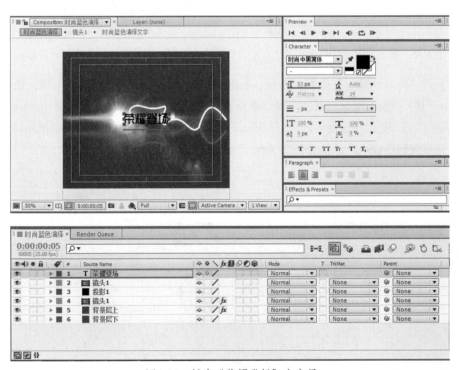

图4-54 创建"荣耀登场"文字层

After Effects CS6 111

STEP|22 拷贝"时尚蓝色演绎"文本层 Effects Controls（特效控制）面板中的"Ramp（渐变）"、"Bevel Alpha（Alpha 斜角）"、"CC light Sweep（CC 扫光）"三个特技粘贴至"荣耀登场"层 Effects Controls（特效控制）处。如图 4-55 所示。

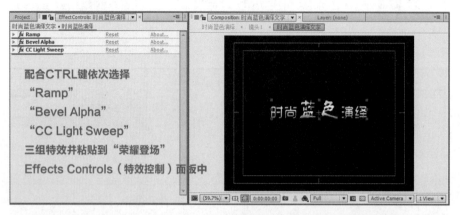

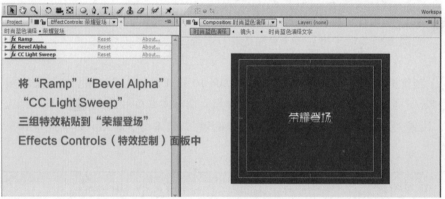

图4-55　拷贝"时尚蓝色演绎"文本层三个特技粘贴至"荣耀登场"层特效控制面板

STEP|23 为"荣耀登场"层做嵌套合成。在时间线上单击选择"荣耀登场"层，执行菜单栏中的 Layer（层）| Pre-compose（预合成）命令，在弹出的属性框中设置 New composition name（新合成名称）为"荣耀登场文字"，选择 Move all attributes in to the new composition（将所有物体的属性转移到新合成中）单击【OK】确定。如图 4-56 所示。

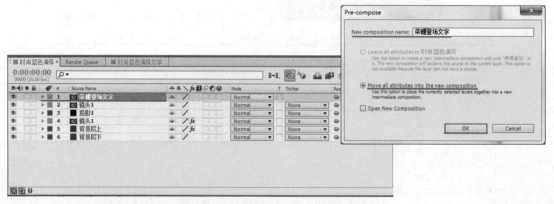

图4-56　将"荣耀登场"层做嵌套合成

STEP 24 拷贝"时尚蓝色演绎文字"层特技"Linear Wipe（线性擦除）"粘贴至"荣耀登场文字"层 Effects Controls（特效控制）面板处。如图4-57所示。

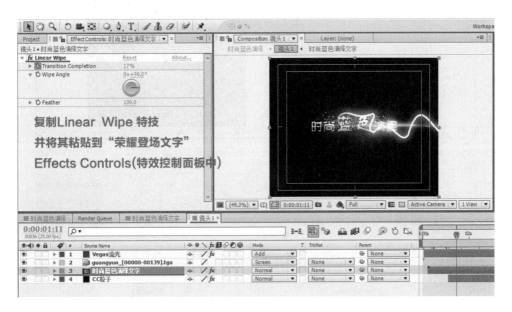

图4-57　拷贝"时尚蓝色演绎文字"层特技粘贴至"荣耀登场文字"层特效控制面板

STEP 25 在时间线上复制"镜头1"合成层中的"CC粒子"层，并粘贴至"荣耀登场文字"层下方，如图4-58所示。

STEP 26 将"荣耀登场文字"层与"CC粒子"层做嵌套合成。在时间线上依次选择这两个层后，执行菜单栏中的Layer（层）| Pre-compose（预合成）命令，在弹出的属性框中设置New composition name（新合成名称）为"镜头2"，选择Move all attributes in to the new composition（将所有物体的属性转移到新合成中），单击【OK】确定。如图4-59所示。

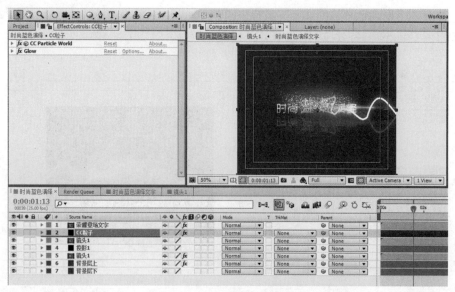

图4-58 复制"镜头1"合成层中的"CC粒子"层粘贴至"荣耀登场文字"层下方

图4-59 将"荣耀登场文字"层与"CC粒子"层做嵌套合成

STEP 27 观察时间线会发现"镜头1"的结束点是在0:00:04:10处,为使画面衔接更加紧凑,所以"镜头2"的起始帧应该是0:00:04:10处,单击选择"镜头2"这个层,将它的起始帧放在0:00:04:10处,如图4-60所示。

STEP 28 复制"投影1"层,将其起始帧放在0:00:04:10处,如图4-61所示,并调整MASK蒙版大小如图4-62所示。

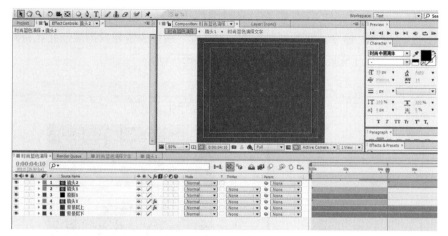

图4-60　将"镜头2"的起始帧移至0:00:04:10处

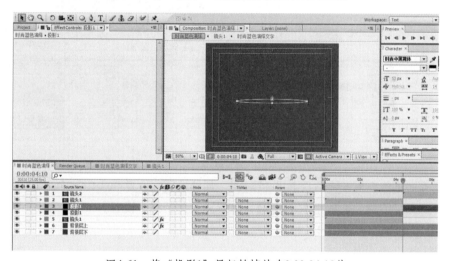

图4-61　将"投影1"层起始帧放在0:00:04:10处

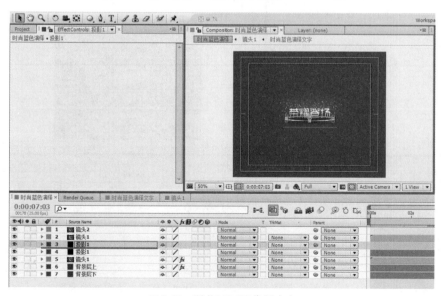

图4-62　调整MASK蒙版大小

STEP 29 制作"镜头2"层的镜像投影。在时间线上选择"镜头2"层，执行菜单Edit（编辑）| Duplicate（副本）命令，将新复制出的"镜头2"层作为镜像投影层，并且将此层调整至"投影1"层下面。为便于管理调整图层顺序，如图4-63所示。

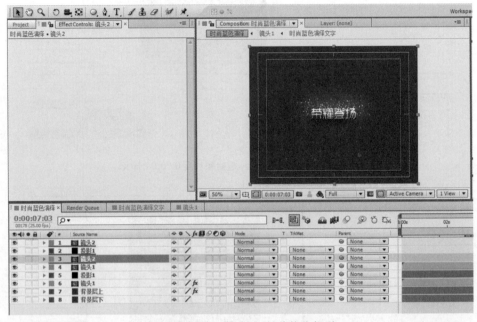

图4-63　制作"镜头2"层的镜像投影

STEP 30 在时间线上展开镜像投影层"镜头2"属性选项，设置Position（位置）值为360.0、332.0；在Scale（缩放）选项中取消 等比缩放开关图标，设置Scale（缩放）值为100.0、-100.0；设置Opacity（不透明度）值为30%。如图4-64所示。

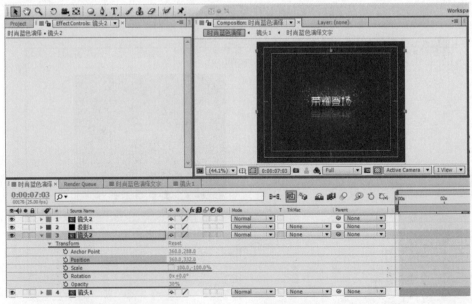

图4-64　设置镜像投影"镜头2"Transform（转换）选项相关参数

时尚蓝色演绎 04

STEP 31 在Project（项目）面板中搜索"guang yun"素材并拖拽至时间线上 0:00:04:10 处，如图 4-65 所示。

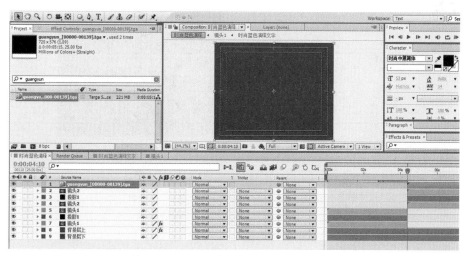

图4-65　将"guang yun"素材拖拽至时间线上0:00:04:10处

STEP 32 在时间线上选择"guang yun"层，设置 Mode（混合模式）为 Screen（屏幕），可以直观地看到画面的光晕效果变得更加清晰明亮了。如图 4-66 所示。

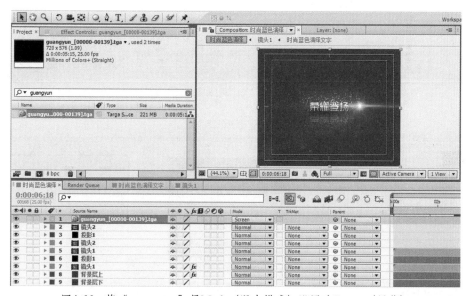

图4-66　将"guang yun"层Mode（混合模式）设置为Screen（屏幕）

STEP 33 在时间线上选择"guang yun"层，展开 Transform（转换）选项，设置 Position（位置）数值为 360.0、282.0；设置 Scale（缩放）数值为 108.0、108.0%。如图 4-67 所示。

STEP 34 复制一个"guang yun"层，按快捷键【Ctrl +D】，如图 4-68 所示。

STEP 35 在时间线上单击选择展开新复制出的"guang yun"层，展开 Transform（转换）选项，在 Scale（缩放）选项中取消　　　等比缩放开关图标，设置 Scale（缩放）值为 -108.0、108.0，其他参数保持不变。如图 4-69 所示。

After Effects CS6　117

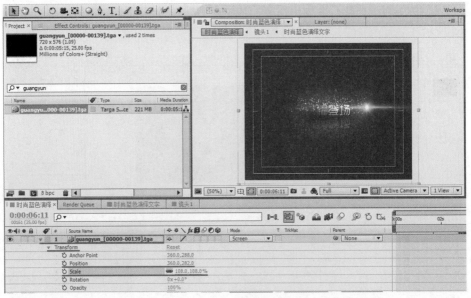

图4-67　设置"guang yun"层Transform（转换）选项相关参数

图4-68　复制一个"guang yun"层

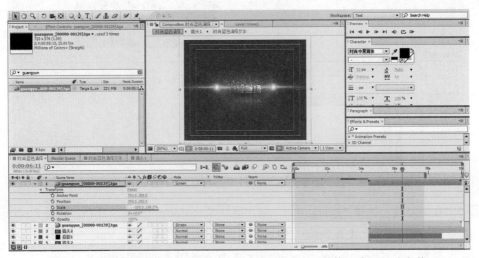

图4-69　设置新复制出的"guang yun"层Transform（转换）选项相关参数

STEP 36　按小键盘【0】键预览，可以看到漂亮的光效，但是背景层次还不是很分明，接下来为场景添加灯光。如图4-70所示。

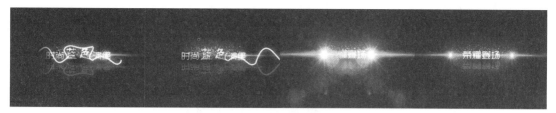

图4-70 预览小样

4.6 添加灯光效果

STEP 01 首先加入一个点光源,执行菜单栏中的Layer(层)|New(新建)|Light(灯光)命令,在弹出的对话框中设置Name(名称)为"点光";设置Light Type(灯光类型)为Point(点光源),Color(颜色)为白色,Intensity(亮度)值为265%,其他设置不变,如图4-71所示。

STEP 02 在加入点光源之后,可以发现光源的添加没有对画面产生任何作用效果,原因是没有打开目标关联层的三维属性选项,依次打开灯光层下的所有层的三维属性。如图4-72所示。

图4-71 加入一个Point(点光源)

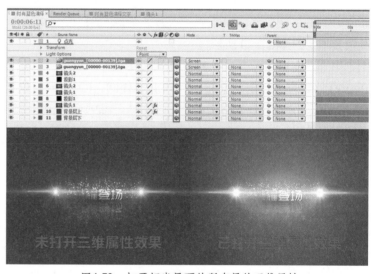

图4-72 打开灯光层下的所有层的三维属性

> **提示** 灯光的应用和摄影机一样,只能在三维层中使用,所以在应用灯光和摄影机时,一定要先打开层的三维属性。灯光的类型共分为4种:分别为Parallel(平行光)、Spot(聚光灯)、Point(点光源)、Ambient(环境光)。在应用不同光源时将产生不同的光照效果。

STEP 03 设置"点光"层的位移动画效果。选择"点光"层,展开Transform(转换)选项,将时间线游标移动至0:00:00:00,打开关键帧码表,设置Position(位置)值为12.5、640.8、-139.5;将时间线游标移动至0:00:04:04,设置Position(位置)值为612.5、640.8、-139.5;将时间线游标移动至0:00:08:01,设置Position(位置)值为360.5、640.8、-139.5。如图4-73所示。

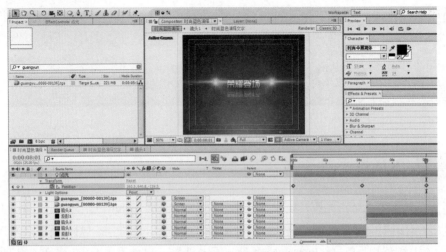

图4-73 设置"点光"层的位移动画

STEP|04 加入一个聚光灯,执行菜单栏中的 Layer(层)|New(新建)| Light(灯光)命令,在弹出的对话框中设置 Name(名称)为"聚光灯",Light Type(灯光类型)为 Spot(聚光灯),Color(颜色)为白色,Intensity(亮度)为值66%,Cone Feather(边缘柔和度)为值48%,其他设置不变,如图4-74所示。

STEP|05 设置 Spot(聚光灯)的相关参数,展开 Transform(转换)选项,设置 Point of Interest(定位点)数值为383.2、70.1、-214.9,Position(位置)数值为416.1、37.3、-488.4,Orientation(定位)数值为330.9°、359.4°、0.9°。如图4-75所示。

图4-74 加入一个Spot(聚光灯)

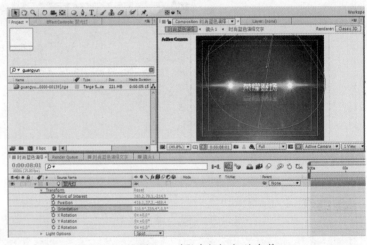

图4-75 设置Spot(聚光灯)相关参数

4.7 添加摄影机动画

STEP|01 添加三维摄影机。执行菜单栏中的 Layer(层)|New(新建)|Camera(摄影机)命令,在弹出的对话窗口中设置 Name(名称)为"摄影机",设 Preset(预置)为 Custom,单击【OK】键确定。如图4-76所示。

时尚蓝色演绎 Chapter 04

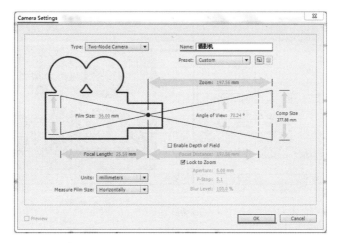

图4-76 添加三维摄影机

STEP 02 设置"摄影机"参数动画。将时间线游标移动至0:00:04:07处,打开关键帧码表,设置Camera Options(摄影机选项)中Zoom(放大)值为800.2 pixels(52.4°H),如图4-77所示;将时间线游标移动至0:00:08:01处,设置Camera Options(摄影机选项)中Zoom(放大)值为1032.3 pixels(41.8°H),如图4-78所示。设置完毕按小键盘【0】键生成预览。

图4-77 设置0:00:04:07处Zoom(放大)为800.2 pixels(52.4°H)

After Effects CS6 | 121

图4-78 设置0:00:08:01处Zoom（放大）为1032.3 pixels（41.8°H）

STEP 03 视频动画部分设置结束，可以生成预览视频观看效果。如图4-79所示。

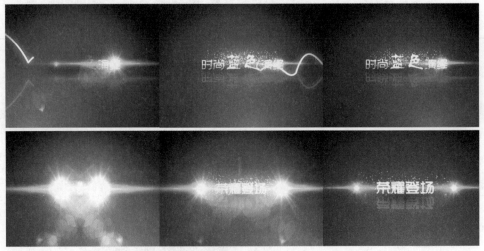

图4-79 生成预览视频效果

4.8 添加声音合成渲染输出

STEP 01 导入本章音频文件，执行菜单栏中的 File（文件）|Import（导入）|File（文件）命令，选择"第四章音乐"素材，单击打开，并将其拖至时间线上。选择小键盘【0】键生成预览效果。如图4-80所示。

STEP 02 合成完毕，渲染 Targa 序列帧输出。执行菜单栏中的 Composition（合成）| Add to Render Queue（添加到渲染队列）命令。Output Module Settings（输出模块设置）如图4-81所示。

STEP 03 单击【Render】按钮最终渲染输出。如图4-82所示。

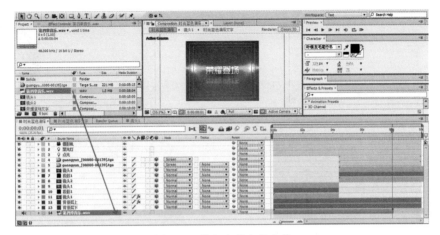

图4-80　导入本章音频文件

图4-81　Output Module Settings（输出模块设置）

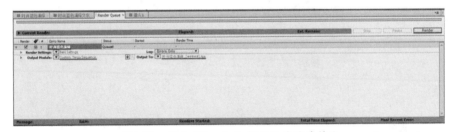

图4-82　单击【Render】按钮最终渲染输出

4.9　本章小结

通过本章的学习，主要使大家对 After Effects 自带的特效如 Bevel Alpha（Alpha 斜角）、Vegas（描绘）、Glow（发光）、CC Particle World（CC 粒子模拟世界）等有一个重新认识和学习的过程，而后半部分 Light（灯光）的加入是本章的点睛之处，正是因为灯光的加入才使得前景画面与背景层之间更加有层次，也使得画面效果丰富了很多。一个完美的视觉效果是不能靠一个单一的特效来完成的，需要各种特效互相叠加、相辅相成，灵活运用才能制作出绚烂的视觉画面效果！

Chapter 05

招考就业大咨询

本章学习重点

- CC Pixel Polly（CC 像素多边形）使用方法
- Lens Flare（镜头光晕）使用方法
- Bevel Alpha（Alpha 斜角）使用方法
- Hue/Saturation（色相/饱和度）使用方法
- Ramp（渐变）使用方法

制作思路

"招考就业大咨询"实例主要通过 CC Pixel Polly（CC 像素多边形）特效制作招考就业大咨询 LOGO 的聚合动画，利用 Lens Flare（镜头光晕）制作镜头光斑特效，辅以 Bevel Alpha（Alpha 斜角）、Hue/Saturation（色相/饱和度）、Ramp（渐变）、特效关键帧动画等特效的组合运用，构成了本例的最终合成效果。

5.1 创建合成背景画面

STEP 01 启动 After Effects CS6 软件，如图 5-1 所示。

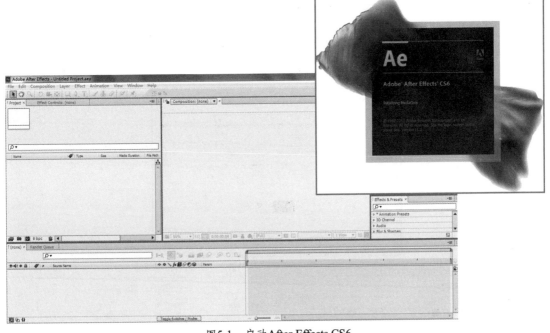

图 5-1　启动 After Effects CS6

STEP 02 执行菜单栏中的 Composition（合成）| New Composition（新建合成）命令，打开 Composition Setting（合成设置）对话框，设置 Composition Name（合成名称）为"招考就业大咨询"，并设置 Preset（预置）为 PAL D1/DV，设置 Pixel Aspect Ratio（像素宽高比）为 PAL D1/DV (1.09)，Frame Rate（帧速率）为 25，设置 Resolution（图像分辨率）为 Full，并设置 Duration（持续时间）为 0:00:10:00 秒，如图 5-2 所示。

STEP 03 单击【OK】按钮，在 Project（项目）工程面板中将出现一个名为"招考就业大咨询"的合成层，同时在 Timeline（时间线）中也出现了"招考就业大咨询"的字样，如图 5-3 所示。

图5-2 Composition Setting（合成设置）

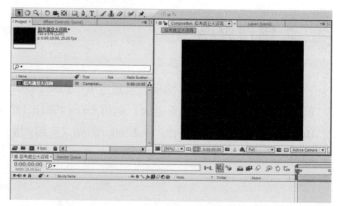
图5-3 Project（项目）与Timeline（时间线）

STEP 04 创建合成背景层，执行菜单栏中的 Layer（层）|New（新建）|Solid（固态层）命令，在弹出的对话窗口中设置 Name（名称）为"背景画面"，设置 Solid Color（固态层颜色）为黑色。单击【OK】键确定。如图 5-4 所示。

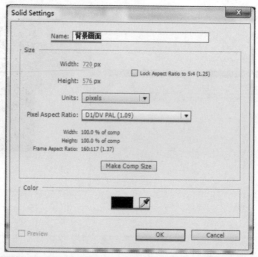

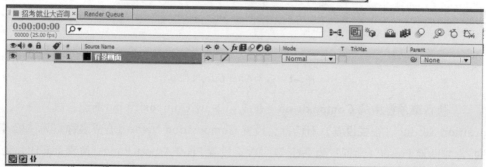

图5-4 创建Solid（固态层）"背景画面"

STEP 05 为"背景"层添加 Ramp（渐变）特效。执行菜单栏中的 Effect（滤镜）|Generate（生成）| Ramp（渐变）命令，这时在 Effects Controls（特效控制）面板上会看到 Ramp（渐变）插件已经添加到"背景画面"层之上。如图 5-5 所示。

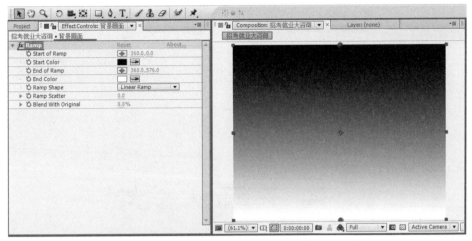

图5-5 为"背景画面"层添加Ramp（渐变）特效

STEP 06 将Ramp（渐变）中Start of Ramp（开始点）设置为360.0，277.0；设置Start Color（开始颜色）为绿色"R：111、G：192、B：11"；设置End of Ramp（结束点）为360.0，576.0；设置End Color（结束颜色）为绿色"R：88、G：158、B：0"，Ramp Shape（渐变形状）为Radial Ramp（放射渐变），其他参数保持不变。如图5-6所示。

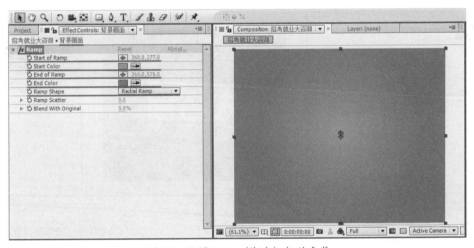

图5-6 设置Ramp（渐变）相关参数

5.2 导入招考LOGO素材

STEP 01 导入LOGO素材。执行菜单栏中的File（文件）|Import（导入）|File（文件）命令，或者使用快捷键【Ctrl+I】打开导入素材属性框，选择"招考就业大咨询LOGO"素材，单击【打开】按钮。如图5-7所示。

STEP 02 将"招考就业大咨询LOGO"层拖拽至时间线上，并调整其位置及大小，单击选择"招考就业大咨询LOGO"层，展开Transform（转换）选项，设置Scale（缩放）值为58.0、58.0%，其他参数不变。如图5-8所示。

图5-7 导入"招考就业大咨询LOGO"素材

图5-8 设置"招考就业大咨询LOGO"层Transform(转换)选项下相关参数

STEP 03 在时间线上单击选择"招考就业大咨询LOGO"层并将这个层做嵌套合成。执行菜单栏中的 Layer(层)| Pre-compose(预合成)命令,在弹出的属性框中设置 New composition name(新合成名称)为"招考就业大咨询LOGO合成",选择 Move all attributes in to the new composition(将所有物体的属性转移到新合成中),单击【OK】确定。如图5-9所示。

STEP 04 在时间线上单击选择"招考就业大咨询LOGO合成"层,移动时间线游标至0:00:03:00处,执行菜单 Edit(编辑)|Split Layer(分割层)命令,将其做分割处理,如图5-10所示。

招考就业大咨询

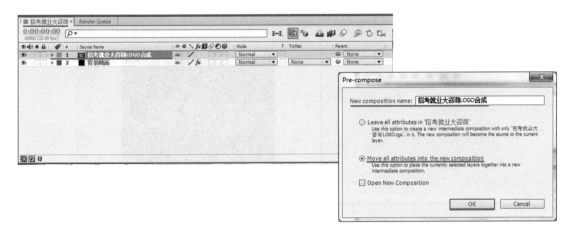

图5-9 将"招考就业大咨询LOGO"层做嵌套合成

图5-10 将"招考就业大咨询LOGO合成"层做分割处理

提示 分割层通常用于素材的分割操作,将层分割开的部分做不同的设置,或在层列表中把两个已经分割的层中间加入其他层。快捷键为【Ctrl+Shift+D】键。把一个层分割开,分割一个层等于建立两个分离的层,也相当于复制一个新层,然后修改出入点,使这两个层首尾前后相接。需要注意的是分割层包含原层中所有的关键帧,并且不会改变其所在的位置。

5.3 制作LOGO聚合动画

STEP|01 单击选择时间线上最上层的"招考就业大咨询LOGO 合成"层加入CC Pixel Polly(CC 像素多边形)特效,执行菜单栏中的 Effect(滤镜)| Simulation(模拟)| CC Pixel Polly(CC 像素多边形)命令,这时在 Effects Controls(特效控制)面板上会看到 CC Pixel Polly(CC 像素多边形)特效已经添加到"招考就业大咨询 LOGO 合成"层之上。如图 5-11 所示。

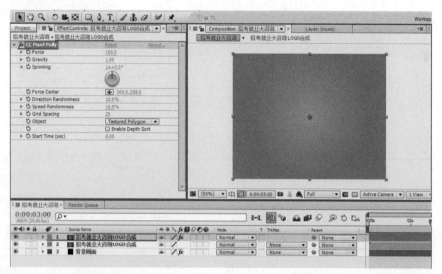

图5-11　为"招考就业大咨询LOGO合成"层添加CC Pixel Polly（CC像素多边形）特效

STEP 02 设置"招考就业大咨询LOGO合成"层CC Pixel Polly（CC像素多边形）特效动画效果。在时间线上选择"招考就业大咨询LOGO合成"层，在时间线上单击Effect（特效）按钮并展开CC Pixel Polly选项，将时间线游标移动至0:00:03:00处，依次打开Force（力量）与Force Center（力量中心）关键帧码表，设置Force（力量）值为0.0，设置Force Center（力量中心）值为663.6、274.0；同时设置Gravity（重力）值为0.00。如图5-12所示。

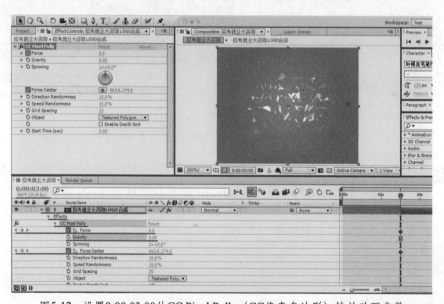

图5-12　设置0:00:03:00处CC Pixel Polly（CC像素多边形）特效动画参数

STEP 03 将时间线游标移动至0:00:05:00处，设置Force（力量）值为350.0，设置Force Center（力量中心）值为-3.7、268.0，如图5-13所示。

STEP 04 设置"招考就业大咨询LOGO合成"层CC Pixel Polly（CC像素多边形）特效中的其他特效参数。设置Direction Randomness（方向随机）值为12.5%；设置Speed Randomness（速度随机）值为87.5%；设置Grid Spacing（网格间距）值为2；设置Object（物体）模式为

Textured Square（方形纹理），如图 5-14 所示。

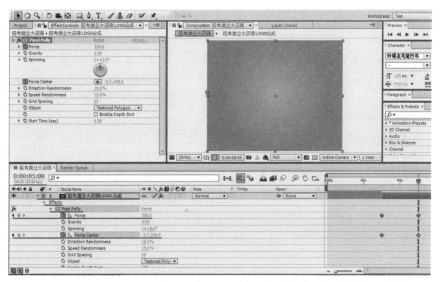

图5-13 设置0:00:05:00处CC Pixel Polly（CC像素多边形）特效动画参数

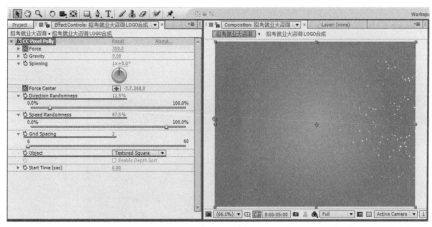

图5-14 设置"招考就业大咨询LOGO合成"层CC Pixel Polly特效其他特效参数

STEP 05 单击小键盘【0】键进行视频预览，可得到 CC Pixel Polly（CC 像素多边形）的动画效果，通过视频动画预览可以发现，预览的动画效果与所想要的效果正好相反，所以在接下来的设置中会做进一步的调整。如图 5-15 所示。

图5-15 预览CC Pixel Polly（CC像素多边形）动画效果

> 提示
>
> CC Pixel Polly（CC像素多边形）在应用后会使画面产生破碎的立体效果。其各项参数含义如下：
> - Force（力量）：用于设置画面产生破碎时的力量大小数值。
> - Gravity（重力）：用于设置画面碎片下落时的重力大小数值。
> - Spinning（旋转）：用于设置画面碎片的旋转角度。
> - Force Center（力量中心）：用于设置画面破碎时力量的中心点位置。
> - Direction Randomness（方向随机）：用于设置画面碎片运动方向的随机性。
> - Speed Randomness（速度随机）：用于设置画面碎片运动速度随机性的快慢。
> - Grid Spacing（网格间距）：用于设置画面碎片的大小。
> - Object（物体）：用于设置产生碎片的样式。在其右侧下拉菜单中可选择需要类型。Polygon（多边形）、Textured Polygon（多边形纹理）、Square（方形）、Textured Square（方形纹理）。
> - Enable Depth Sort：选中该复选框可以改变碎片之间的遮挡关系。

STEP 06 为"招考就业大咨询LOGO合成"层添加Bevel Alpha（Alpha斜角）特效。执行菜单栏中的Effect（特技）|Perspective（透视）| Bevel Alpha（Alpha斜角）命令，这时在Effects Controls（特效控制）面板上会看到Bevel Alpha（Alpha斜角）特效已经添加到"招考就业大咨询LOGO合成"层之上。如图5-16所示。

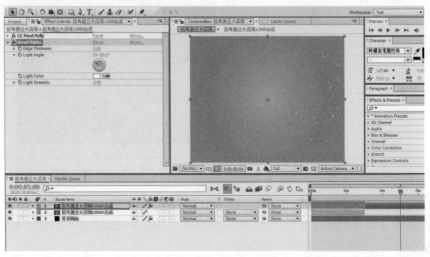

图5-16 为"招考就业大咨询LOGO合成"层添加Bevel Alpha（Alpha斜角）特效

STEP 07 设置Bevel Alpha（Alpha斜角）特效相关参数，首先将Edge Thickness（边缘厚度）值设置为4.10，其他参数保持不变，如图5-17所示。

STEP 08 在Effects Controls（特效控制）面板中按快捷键【Ctrl+D】再复制出一层Bevel Alpha（Alpha斜角）特效，可以看到新复制出的特效自动重命名为"Bevel Alpha2"，如图5-18所示。

STEP 09 修改新复制出的Bevel Alpha2（Alpha斜角）参数，将Edge Thickness（边缘厚度）值修改为2.00，其他参数保持不变，如图5-19所示。

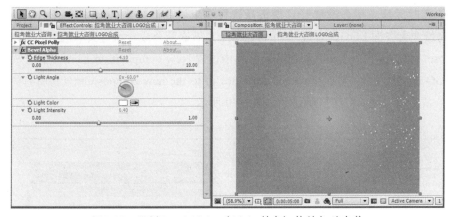

图5-17 设置Bevel Alpha（Alpha斜角）特效相关参数

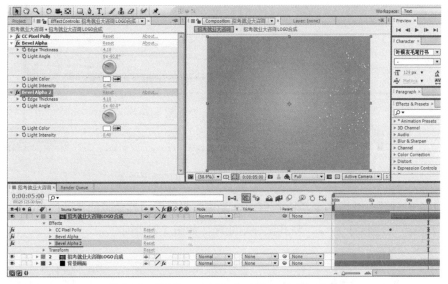

图5-18 复制Bevel Alpha2（Alpha斜角）特效

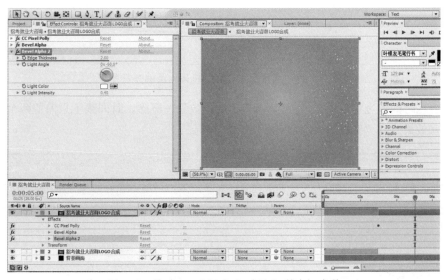

图5-19 修改Bevel Alpha2（Alpha斜角）参数

STEP 10 在时间线上配合键盘 Ctrl 键依次选择第 1 层"招考就业大咨询 LOGO 合成"与第 2 层"招考就业大咨询 LOGO 合成",并将这两个层做嵌套合成,执行菜单栏中的 Layer(层)| Pre-compose(预合成)命令,在弹出的属性框中设置 New composition name(新合成名称)为 "招考 LOGO 动画效果",选择 Move all attributes in to the new composition(将所有物体的属性转移到新合成中),单击【OK】确定。如图 5-20 所示。

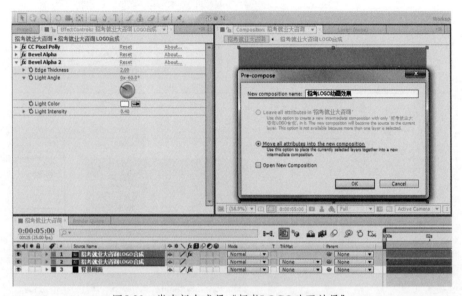

图 5-20　嵌套新合成层"招考 LOGO 动画效果"

STEP 11 在时间线上单击选择"招考 LOGO 动画效果"层,移动时间线游标至 0:00:07:00 处,执行 Split Layer(分割层)命令,将其做分割处理,如图 5-21 所示。

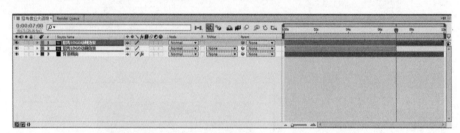

图 5-21　将"招考 LOGO 动画效果"层做分割处理

STEP 12 在时间线上将最顶层"招考 LOGO 动画效果"删除,时间线上只保留两个层"招考 LOGO 动画效果"与"背景画面"层,如图 5-22 所示。

图 5-22　在时间线上将最顶层"招考 LOGO 动画效果"删除

STEP 13 在步骤5中曾经提到添加的 CC Pixel Polly（CC 像素多边形）的动画效果与想要的效果正好相反，所以在接下来的设置中将会添加倒放的特效来实现想要的最终视觉画面效果。在时间线面板左下角处找到"属性切换"按钮 选项，单击选择 按钮，单击后会发现时间线中多出了几处选项设置，如图 5-23 所示。

图5-23　展开时间线上"属性切换按钮"选项

STEP 14 在时间线上单击选择"招考LOGO动画效果"层，将 Stretch（延伸）参数值修改为 -100%，修改完毕后单击【OK】键确定。如图 5-24 所示。

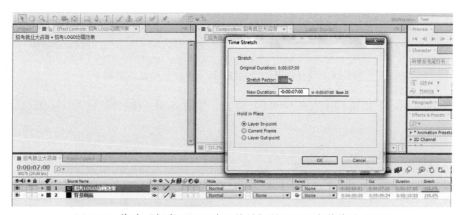

图5-24　修改"招考LOGO动画效果"层Stretch参数值为-100%

STEP 15 制作倒放效果。继续在时间线上选择"招考 LOGO 动画效果"层，移动起始帧位置至 0:00:00:00 处，如图 5-25 所示。

图5-25　将"招考LOGO动画效果"层起始帧位置至0:00:00:00处

STEP|16 在时间线上单击选择"招考LOGO动画效果"层,展开Transform(转换)选项,制作Scale(缩放)效果,将游标设置在0:00:03:20处,打开Scale(缩放)关键帧码表,设置Scale(缩放)值为100.0、100.0%,如图5-26所示。

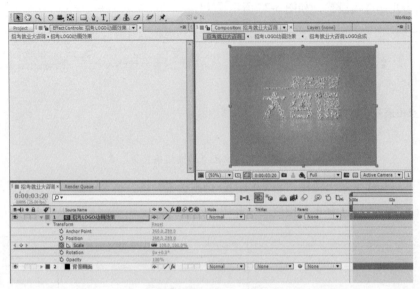

图5-26 设置0:00:03:20处Scale(缩放)动画关键帧

STEP|17 在时间线上将游标设置在0:00:07:00处,设置Scale(缩放)值为111.0、111.0%,如图5-27所示。

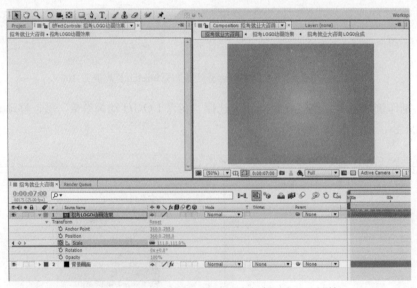

图5-27 设置0:00:07:00处Scale(缩放)动画关键帧

5.4 制作光晕动画效果

STEP|01 建立固态层,为画面继续添加镜头光晕效果。执行菜单栏中的Layer(层)|New(新

建）|Solid（固态层）命令，在弹出的对话窗口中设置 Name（名称）为"镜头光晕层"，颜色设置为黑色，单击【OK】键确定。如图 5-28 所示。

图 5-28　建立镜头光晕固态层

STEP|02 添加镜头光晕特效。执行菜单栏中的 Effect（滤镜）|Generate（生成）|Lens Flare（镜头光晕）命令，这时在 Effects Controls（特效控制）面板上会看到 Lens Flare（镜头光晕）特效已经添加到"镜头光晕层"之上。同时在画面上也可以看到添加 Lens Flare（镜头光晕）后的直观效果。如图 5-29 所示。

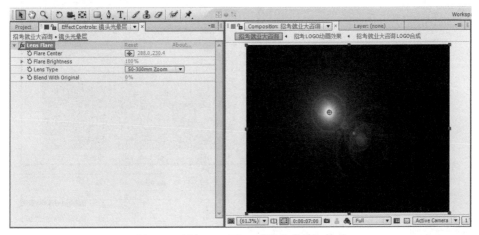

图 5-29　添加 Lens Flare（镜头光晕）特效

STEP 03 更改"镜头光晕层"Mode（混合模式），选择时间线"镜头光晕层"，调整 Mode（混合模式）为 Screen（屏幕），在视频合成窗口可以得到光晕合成的最终效果。如图 5-30 所示。

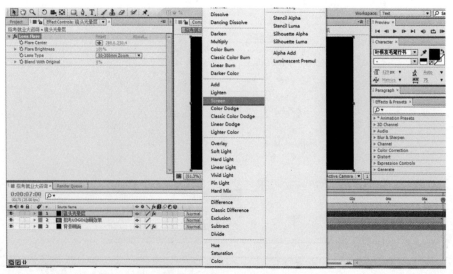

图 5-30　更改"光晕固态层"Mode（混合模式）为 Screen（屏幕）

提示　Blending Mode（混合模式）的选择决定当前层的图像与其下面层图像之间的混合形式，是制作图像效果的最简洁、最有效的方法之一。Screen（屏幕）将图像下一层的颜色与当前层颜色结合起来，产生比两种颜色都浅的第三种颜色，并将当前层的互补色与下一层颜色相乘，得到较亮的颜色效果。

STEP 04 设置 Lens Flare（镜头光晕）相关参数值，首先设置 Lens Type（镜头类型）为 105mm Prime 强光效果，如图 5-31 所示。

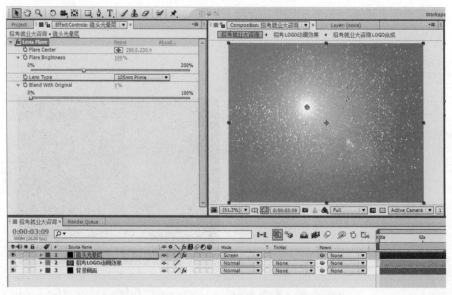

图 5-31　设置 Lens Flare（镜头光晕）相关参数值

STEP 05 制作 Lens Flare（镜头光晕）动画效果。展开 Lens Flare（镜头光晕）特效选项，在时间线上将游标拖动至 0:00:03:15 处，同时单击码表 图标打开关键帧设置，设置 Flare Center（光晕中心）值为 110.0、240.0；设置 Flare Brightness（光晕亮度）值为 170%；设置 Blend With Original（混合原图）值为 100%，其他参数不变。如图 5-32 所示。

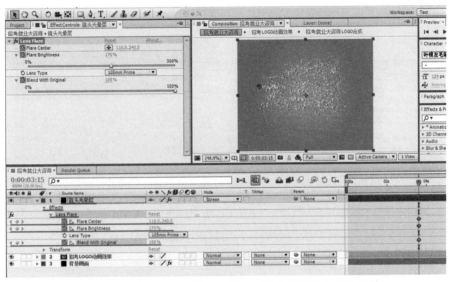

图5-32　设置0:00:03:15处Lens Flare（镜头光晕）动画关键帧

STEP 06 将游标拖动至 0:00:04:00 处，设置 Flare Center（光晕中心）值为 110.0,240.0；设置 Flare Brightness（光晕亮度）值为 170%；设置 Blend With Original（混合原图）值为 0%，其他参数不变。如图 5-33 所示。

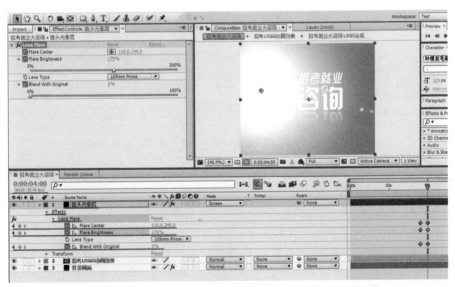

图5-33　设置0:00:04:00处Lens Flare（镜头光晕）动画关键帧

STEP 07 将游标拖动至 0:00:04:15 处，设置 Flare Center（光晕中心）值为 520.0,244.0；设置 Blend With Original（混合原图）值为 0%，其他参数不变。如图 5-34 所示。

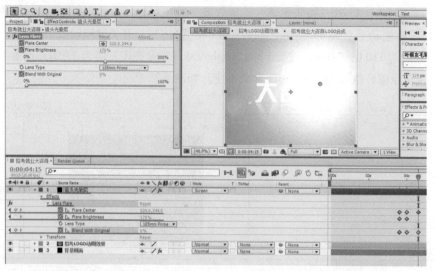

图5-34　设置0:00:04:15处Lens Flare（镜头光晕）动画关键帧

STEP 08 将游标拖动至 0:00:05:15 处，设置 Flare Brightness（光晕亮度）值为 100%；设置 Blend With Original（混合原图）值为 85%，其他参数不变。如图 5-35 所示。

图5-35　设置0:00:05:15处Lens Flare（镜头光晕）动画关键帧

Lens Flare（镜头光晕）特效主要用来模拟强光照射镜头，从而在图像画面上产生光晕的效果，通常也叫做镜头光斑效果。其各项参数含义如下：

- Flare Center（光晕中心）：主要用于设置光晕发光点的中心位置。
- Flare Brightness（光晕亮度）：主要用于设置光晕的亮度。
- Lens Type（镜头类型）：主要用于选择需要模拟镜头的类型，在其右侧下拉列表中有 3 种焦距可供选择：50～300mm Zoom 是产生光晕并模仿太阳光的效果；35mm Prime 是只产生强烈的光，但是没有光晕效果；105mm Prime 是指产生的光更强，但同样没有光晕效果。
- Blend With Original（混合原图）：主要用于设置光晕与原图像的混合百分比。

STEP|09 通过视频预览会发现添加的 Lens Flare（镜头光晕）特效色调有些偏蓝，与绿色背景搭配效果不是很协调，所以继续加入 Hue/Saturation（色相/饱和度）特效来调整光晕整体色彩基调。在时间线上单击选择"镜头光晕层"，执行菜单栏中的 Effect（特技）| Color Correction（色彩校正）| Hue/Saturation（色相/饱和度）命令，这时在 Effects Controls（特效控制）面板上会看到 Hue/Saturation（色相/饱和度）特效已经添加到"镜头光晕层"之上，如图 5-36 所示。

图5-36　为"镜头光晕层"层添加Hue/Saturation（色相/饱和度）特效

STEP|10 设置 Hue/Saturation（色相/饱和度）特效相关参数。首先勾选 Colorize（着色）选项，同时激活其下面三个选项，设置 Colorize Hue（着色色相）值为 0x+193.0°；在时间线上将游标拖动至 0:00:03:15 处，单击码表 图标并设置关键帧，设置 Colorize Saturation（着色饱和度）值为 50；设置 Colorize Lightness（着色亮度）值为 20，如图 5-37 所示。

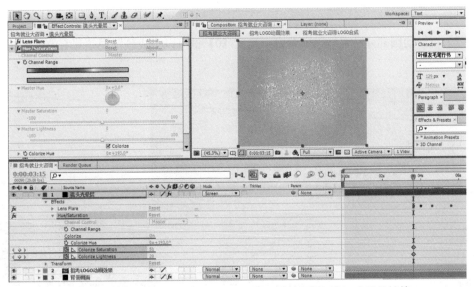

图5-37　设置0:00:03:15处Hue/Saturation（色相/饱和度）动画关键帧

STEP|11 在时间线上将游标拖动至 0:00:04:15 处，设置 Colorize Saturation（着色饱和度）值为 0；设置 Colorize Lightness（着色亮度）值为 0，其他参数不变，如图 5-38 所示。

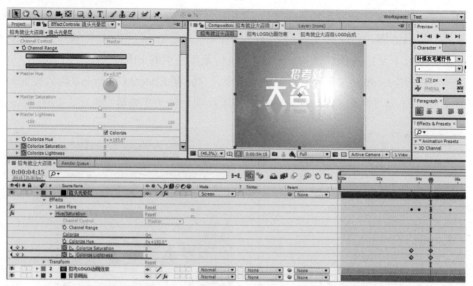

图5-38　设置0:00:04:15处Hue/Saturation（色相/饱和度）动画关键帧

 Hue/Saturation（色相/饱和度）主要用来控制图像画面的色调和色彩饱和度，调整饱和度的值为0时，画面可调整为单色。在勾选Colorize（着色）选项后，可以将多彩的画面调整为单一的图像效果，也可以为单色图像或者灰度图像添加色彩。勾选之后同时激活Colorize Hue（着色色相）、Colorize Saturation（着色饱和度）、Colorize Lightness（着色亮度）。
- Colorize Hue（着色色相）：用于设置调色后图像画面的颜色色调。
- Colorize Saturation（饱和度）：用于设置调色后图像画面的颜色饱和度。
- Colorize Lightness（着色亮度）：用于设置着色后图像画面的颜色亮度。

STEP 12　视频动画部分设置结束。单击小键盘【0】键可以生成预览视频观看效果。如图5-39所示。

图5-39　生成预览视频效果

5.5 添加声音合成渲染输出

STEP|01 导入本章音频文件，执行菜单栏中的 File（文件）|Import（导入）|File（文件）命令，选择"第五章音乐"素材，单击打开并将其拖至时间线上。选择小键盘【0】键生成预览效果。如图 5-40 所示。

图5-40 导入本章音频文件

STEP|02 合成完毕，渲染 Targa 序列帧输出。执行菜单栏中的 Composition（合成）|Add to Render Queue（添加到渲染队列）命令。Output Module Settings（输出模块设置）如图 5-41 所示。

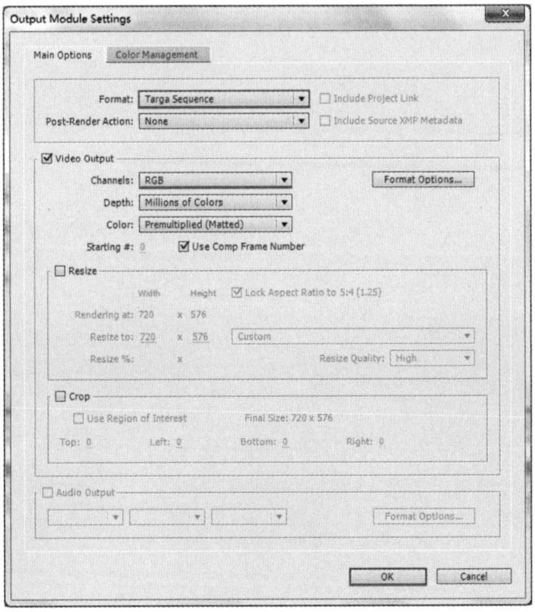

图5-41 Output Module Settings（输出模块设置）

STEP 03 单击【Render】按钮最终渲染输出。如图 5-42 所示。

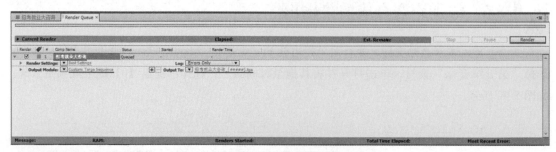

图5-42 单击【Render】按钮最终渲染输出

5.6 本章小结

通过"招考就业大咨询"实例的制作，主要使大家对 After Effects 自带特效 CC Pixel Polly（CC 像素多边形）、Lens Flare（镜头光晕）、Hue/Saturation（色相/饱和度）、Ramp（渐变）、Bevel Alpha（Alpha 斜角）、特效关键帧动画等技法进一步了解和应用，其中 CC Pixel Polly（CC 像素多边形）、Lens Flare（镜头光晕）两个特效的使用方法是本例的重点，大家可侧重掌握和灵活运用。

TV音乐频道

本章学习重点

- Light Factory（光工厂）使用方法
- CC Particle Systems II（CC粒子仿真系统）
- Emboss（浮雕）使用方法
- Bulge（凹凸效果）使用方法
- Hue/Saturation（色相/饱和度）使用方法

制作思路

"TV 音乐频道"实例的知识点主要有 3 部分。①文字效果的制作,主要使用 After Effects 自带特效 Ramp(渐变)、Emboss(浮雕)、Glow(发光)、Drop Shadow(投影)、Bulge(凹凸效果)来制作;②光效部分,主要使用的是 After Effects 外置插件 Light Factory(光工厂);③粒子效果部分,主要使用的是 After Effects 自带特效 CC Particle Systems Ⅱ(CC 粒子仿真系统)。通过 After Effects 内置插件和外置插件的组合运用,构成了本例的最终合成效果。

6.1 创建文字并添加特效

STEP|01 启动 After Effects CS6 软件,如图 6-1 所示。

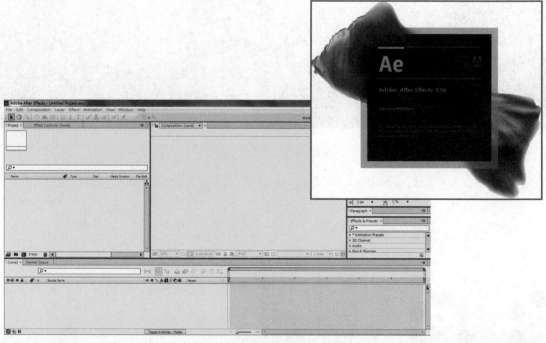

图6-1 启动After Effects CS6

STEP|02 执行菜单栏中的 Composition(合成) | New Composition(新建合成)命令,打开 Composition Setting(合成设置)对话框,设置 Composition Name(合成名称)为"TV 音乐频道",并设置 Preset(预置)为 PAL D1/DV,设置 Pixel Aspect Ratio(像素宽高比)为 PAL D1/DV (1.09),Frame Rate(帧速率)为 25,设置 Resolution(图像分辨率)为 Full,并设置 Duration(持续时间)为 0:00:10:00 秒,如图 6-2 所示。

TV音乐频道

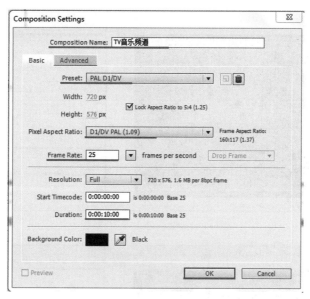

图6-2 Composition Setting（合成设置）

STEP 03 单击【OK】按钮确定后，在Project（项目）工程面板中将出现一个名为"TV音乐频道"的合成层，同时在Timeline（时间线）中也出现了"TV音乐频道"的字样，如图6-3所示。

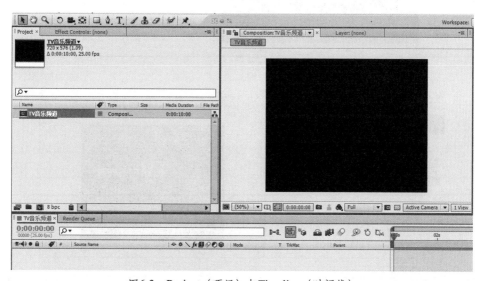

图6-3 Project（项目）与Timeline（时间线）

STEP 04 添加文字层。执行菜单栏中的Layer（层）|New（新建）|Text（文字层）命令或者单击工具栏 图标，输入文字"TV音乐频道"。设置"TV音乐频道"字体为"时尚中黑简体"，颜色为白色，字距 为59。其中设置"TV"字体大小为111px，如图6-4所示；设置"音乐频道"字体大小为56px，如图6-5所示。

STEP 05 调整"TV音乐频道"层文字的位置。在时间线上选择"TV音乐频道"层，展开Transform（转换）选项，设置Position（位置）为460.0、258.0。如图6-6所示。

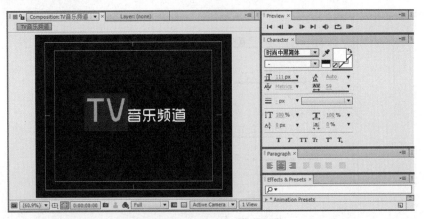

图6-4 设置"TV"文字大小

图6-5 设置"音乐频道"文字大小

图6-6 调整"TV音乐频道"层文字的位置

STEP 06 为"TV 音乐频道"文字层添加 Ramp（渐变）特效。执行菜单栏中的 Effect（滤镜）|Generate（生成）| Ramp（渐变）命令，这时在 Effects Controls（特效控制）面板上会看到 Ramp（渐变）特效已经添加到"TV 音乐频道"层之上。如图 6-7 所示。

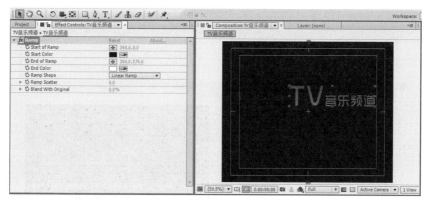

图6-7 为"TV音乐频道"层添加Ramp(渐变)特效

STEP 07 将 Ramp(渐变)中 Start of Ramp(开始点)设置为 465.0,225.8;设置 Start Color(开始颜色)为白色"R:255、G:255、B:255";设置 End of Ramp(结束点)为 465.0,247.0;设置 End Color(结束颜色)为黑色"R:0、G:0、B:0",设置 Blend With Original(混合原图)为 31%,其他参数保持不变。如图 6-8 所示。

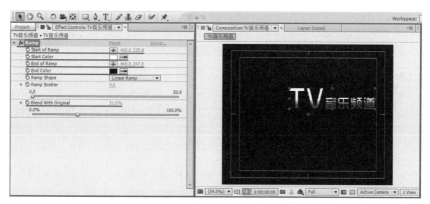

图6-8 设置Ramp(渐变)相关参数

STEP 08 为"TV 音乐频道"层添加 Emboss(浮雕)立体感效果。执行菜单栏中的 Effect(滤镜)|Stylize(风格化)|Emboss(浮雕)命令,这时在 Effects Controls(特效控制)面板上会看到 Emboss(浮雕)特效已经添加到"TV 音乐频道"层之上。如图 6-9 所示。

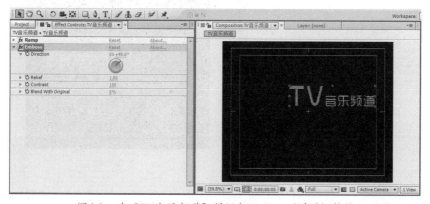

图6-9 为"TV音乐频道"层添加Emboss(浮雕)特效

STEP|09 设置 Emboss（浮雕）相关参数。设置 Direction（方向）值为 0x+234.0°，Relief（浮雕）值为 2.60，Contrast（对比度）值为 765，Blend With Original（混合原图）值为 55%。如图 6-10 所示。

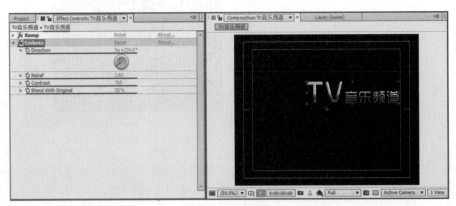

图6-10　设置Emboss（浮雕）相关参数

 Emboss（浮雕）特效是通过锐化图像中物体的轮廓，从而产生浮雕的效果，需要注意的是 Emboss（浮雕）特效所产生的浮雕效果为灰色，其各项参数含义如下：
- Direction（方向）：用于设置光源的照射方向。
- Relief（浮雕）：用于设置产生浮雕的凸起程度。
- Contrast（对比度）：用于设置浮雕的锐化程度。
- Blend With Original（混合原图）：用于设置浮雕效果与原始素材的混合程度，值越大越接近原图。

STEP|10 为使"TV 音乐频道"层明度部分更亮一些，接下来为"TV 音乐频道"层添加一个 Glow（发光）效果。在时间线上单击选择"TV 音乐频道"层，执行菜单栏中的 Effect（滤镜）|Stylize（风格化）|Glow（发光）命令，这时在 Effects Controls（特效控制）面板上会看到 Glow（发光）特效已经添加到"TV 音乐频道"层之上。如图 6-11 所示。

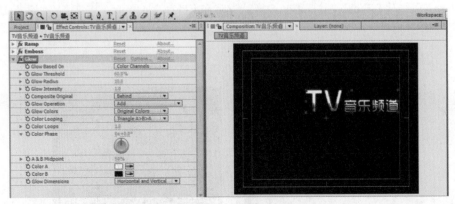

图6-11　为"TV音乐频道"层添加Glow（发光）特效

STEP|11 设置 Glow（发光）特效的相关参数。设置 Glow Threshold（发光阈值）为 82%；设

置Glow Intensity（发光强度）值为1.2。如图6-12所示。

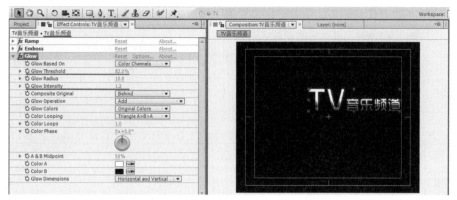

图6-12　设置Glow（发光）特效的相关参数

STEP 12 为"TV音乐频道"层添加Drop Shadow（投影）效果。执行菜单栏中的Effect（特技）|Perspective（透视）| Drop Shadow（投影）命令，这时在Effects Controls（特效控制）面板上会看到Drop Shadow（投影）特效已经添加到"TV音乐频道"层之上。如图6-13所示。

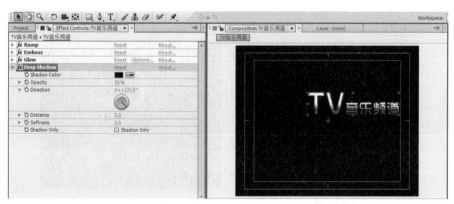

图6-13　为"TV音乐频道"层添加Drop Shadow（投影）效果

STEP 13 设置Drop Shadow（投影）特效的相关参数。设置Opacity（不透明度）值为100%，Distance（距离）值为8.0，Softness（柔和）值为12.0，其他参数保持不变。如图6-14所示。

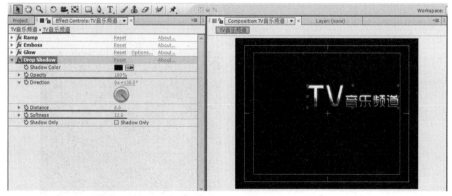

图6-14　设置Drop Shadow（投影）特效的相关参数

> **提示** 使用Drop Shadow（投影）可以为图像添加阴影效果，一般应用在图层文件中带有通道信息的文件中效果比较明显，其各项参数含义如下：
> - Shadow Color（投影颜色）：用于设置图像中投影的颜色。
> - Opacity（不透明度）：用于设置投影的不透明度。
> - Direction（方向）：用于设置投影的方向。
> - Distance（距离）：用于设置投影与源图像之间的距离。
> - Softness（柔和）：用于设置投影的柔和程度。
> - Shadow Only（只显示投影）：勾选此项后将只显示投影而隐藏投射阴影的图像。

6.2 制作凹凸动画效果

STEP 01 添加Bulge（凹凸效果）。为"TV音乐频道"层做扭曲动画。执行菜单栏中的Effect（特技）|Distort（扭曲）|Bulge（凹凸效果）命令，这时在Effects Controls（特效控制）面板上会看到Bulge（凹凸效果）已经添加到"TV音乐频道"层之上。如图6-15所示。

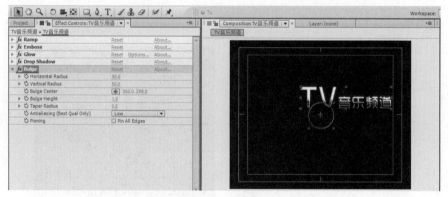

图6-15　为"TV音乐频道"层添加Bulge（凹凸效果）

STEP 02 设置Bulge（凹凸效果）特效的相关参数。设置Horizontal Radius（水平半径）值为131.0，Vertical Radius（垂直半径）值为127.0，Bulge Height（凹凸程度）值为0.6，Taper Radius（锥形半径）值为74。如图6-16所示。

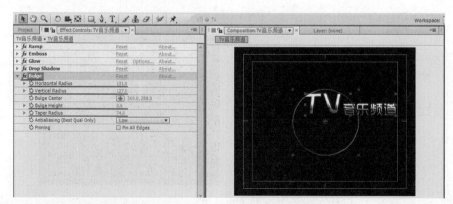

图6-16　设置Bulge（凹凸效果）特效的相关参数

STEP 03 设置Bulge（凹凸效果）特效的参数动画。在时间线上选择"TV音乐频道"层，展开Effect（特技）下的Bulge（凹凸效果）选项，将游标设置在0:00:00:00处，打开Bulge Center（凹凸中心）关键帧码表，设置Bulge Center（凹凸中心）为175.0、238.0，如图6-17所示；将游标移动至0:00:01:15处，设置Bulge Center（凹凸中心）为819.0、238.0，如图6-18所示。

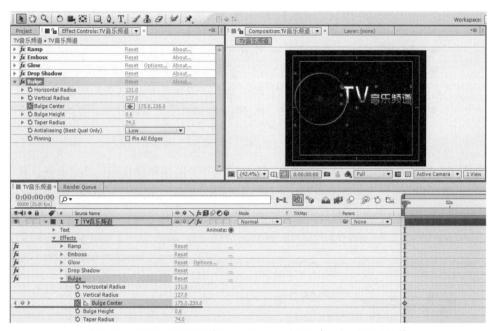

图6-17　设置0:00:00:00处Bulge Center（凹凸中心）动画关键帧

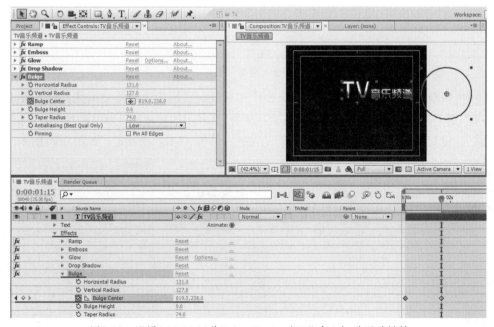

图6-18　设置0:00:01:15处Bulge Center（凹凸中心）动画关键帧

> **提示** Bulge（凹凸效果）可以使目标物体沿水平轴向和垂直轴向扭曲变形，从而制作出类似透过凹凸镜观察的效果，其各项参数含义如下：
> - Horizontal Radius（水平半径）：主要用于设置凹凸的水平半径大小。
> - Vertical Radius（垂直半径）：主要用于设置凹凸的垂直半径大小。
> - Bulge Center（凹凸中心）：主要用于设置凹凸的中心位置。
> - Bulge Height（凹凸程度）：主要用于设置凹凸的深度，当数值为正值时显示凸出效果，当数值为负值时显示凹进效果。
> - Taper Radius（锥形半径）：主要用于设置凹凸面的凸出或凹陷的程度。
> - Antialiasing（Best Qual Only）（抗锯齿）：主要用于设置图像的边界平滑程度。在其右侧下拉选项可选择Low（低）质量或者High（高）质量。
> - Pinning（锁定）：当选中Pin All Edges（锁定边界）后，可控制边界不进行凹凸处理。

STEP 04 将"TV音乐频道"文字层做嵌套合成，为下一阶段制作投影效果做准备。首先选择"TV音乐频道"层，执行菜单栏中的Layer（层）| Pre-compose（预合成）命令，在弹出的属性框中设置New composition name（新合成名称）为"TV音乐频道文字层"，选择Move all attributes into the new composition（将所有物体的属性转移到新合成中），单击【OK】确定。如图6-19所示。

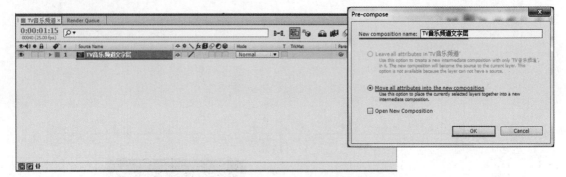

图6-19 将"TV音乐频道"文字层做嵌套合成

STEP 05 新建固态层与运用蒙版特效来制作文字层与投影层之间的分割线。执行菜单栏中的Layer（层）|New（新建）|Solid（固态层）命令，在弹出的对话窗口中设置Name（名称）为"分割线"，设置Solid Color（固态层颜色）为白色。单击【OK】键确定。如图6-20所示。

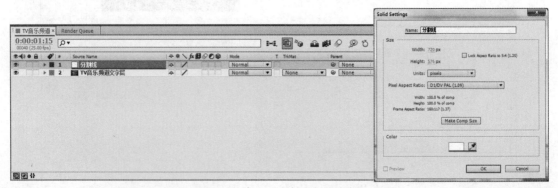

图6-20 建立"分割线"固态层

STEP 06 在时间线上单击"分割线"层,选择工具栏中■图标,为其添加矩形 Mask 蒙版特效,配合【Shift】键调整其形状大小,如图 6-21 所示。

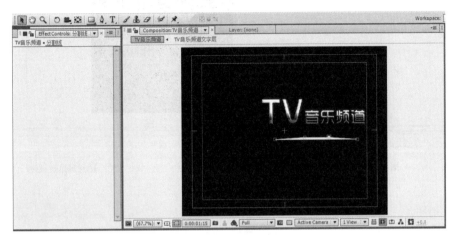

图6-21 配合【Shift】键调整蒙版特效形状

STEP 07 在时间线上展开"分割线"层的 MASK 蒙版属性,在 Mask Feather(蒙版羽化)选项上取消 ⇔ 等比缩放开关图标,设置 Mask Feather(蒙版羽化)数值为 333.0、0;并将新建立的"分割线"层拖拽至"TV 音乐频道"层的下面。如图 6-22 所示。

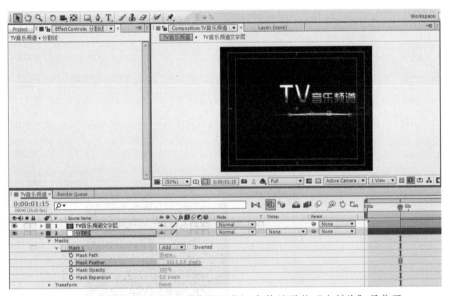

图6-22 设置Mask Feather(蒙版羽化)参数并调整"分割线"层位置

STEP 08 在时间线上单击选择"分割线"层,并展开 Transform(转换)选项,设置 Position (位置)值为 415.0、267.0,其他参数不变。如图 6-23 所示。

STEP 09 将"分割线"层做嵌套合成。首先选择"分割线"层,执行菜单栏中的 Layer(层) | Pre-compose(预合成)命令,在弹出的属性框中设置 New composition name(新合成名称)为 "分割线合成",选择 Move all attributes in to the new composition(将所有物体的属性转移到新合成中),单击【OK】键确定。如图 6-24 所示。

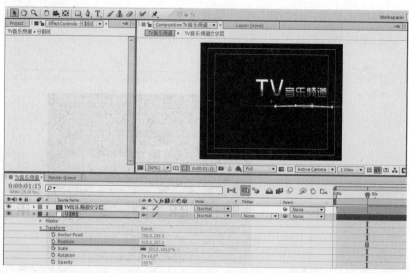

图6-23　设置"分割线"层的Position（位置）值为415.0、267.0

 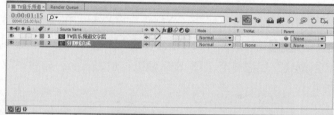

图6-24　将"分割线"层做嵌套合成

STEP 10　设置"分割线合成"层的入屏动画。首先在时间线上单击选择"分割线合成"层，展开Transform（转换）选项，将游标移动至0:00:01:15处，打开Position（位置）关键帧码表，设置Position（位置）为873.0、288.0，如图6-25所示；将游标移动至0:00:02:00处，设置Position（位置）为360.0、288.0，如图6-26所示。

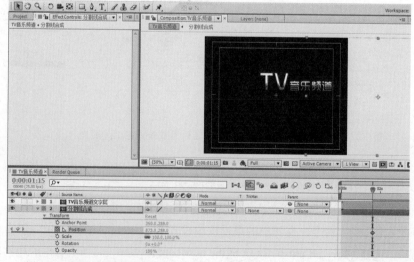

图6-25　设置"分割线合成"层0:00:01:15处Position（位置）关键帧参数

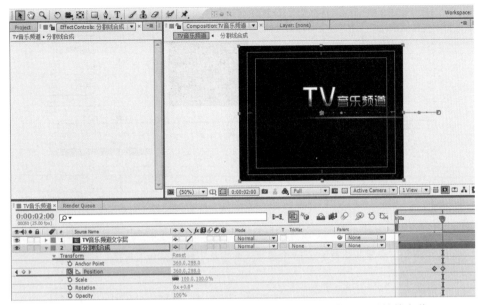

图6-26 设置"分割线合成"层0:00:02:00处Position(位置)关键帧参数

STEP|11 制作"TV音乐频道文字层"镜像投影效果。在时间线上选择"TV音乐频道文字层",执行菜单Edit(编辑)|Duplicate(副本)命令,将复制的"TV音乐频道文字层"层作为镜像投影层,并且将此层调整至"分割线合成"层下面。如图6-27所示。

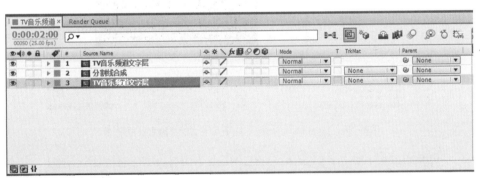

图6-27 制作"TV音乐频道文字层"镜像投影效果

STEP|12 在时间线上展开镜像投影层"TV音乐频道文字层"Transform(转换)属性选项,设置Position(位置)为360.0、307.0;在Scale(缩放)选项中取消 等比缩放开关图标,设置Scale(缩放)值为100.0、-100.0;设置Opacity(不透明度)为55%;同时设置第1层"TV音乐频道文字层"Position(位置)为360.0、307.0,如图6-28所示。

STEP|13 为刚刚制作的镜像层"TV音乐频道文字层"加入Mask蒙版效果。在时间线上单击"TV音乐频道文字层",选择工具栏中 图标,为其添加矩形Mask蒙版特效,并调整其形状大小,如图6-29所示。

STEP|14 在时间线上单击选择"TV音乐频道文字层",同时展开其MASK蒙版特效属性选项,首先勾选Inverted(反转)蒙版区域,设置Mask Feather(蒙版羽化)值为75.0、75.0。如图6-30所示。

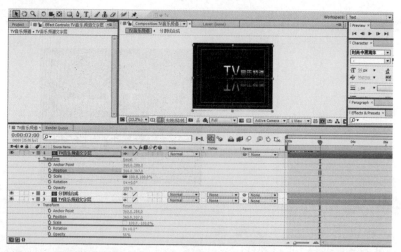

图6-28　设置镜像投影"TV音乐频道文字层"Transform（转换）相关参数

图6-29　为"TV音乐频道文字层"加入Mask蒙版特效

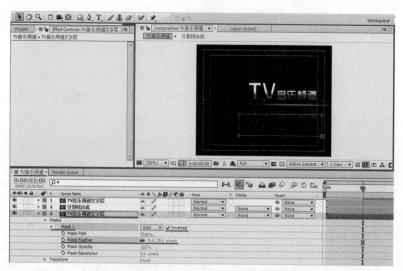

图6-30　勾选Mask反转选项及设置Mask Feather（蒙版羽化）参数

STEP 15 为镜像层 "TV音乐频道文字层"加入模糊效果，执行菜单栏中的 Effect（滤镜）|Blur & Sharpen（模糊与锐化）|Gaussian Blur（高斯模糊）命令，这时会在 Effects Controls（特效控制）面板上看到 Gaussian Blur（高斯模糊）特效已经添加到 "TV音乐频道文字层"之上，如图 6-31 所示。

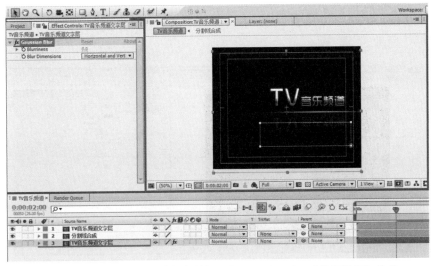

图6-31　为 "TV音乐频道文字层"添加Gaussian Blur（高斯模糊）特效

STEP 16 设置 Gaussian Blur（高斯模糊）的相关参数，设置 Blurriness（模糊）数值为 5.0，在合成视窗中会很明显看到模糊的效果。如图 6-32 所示。

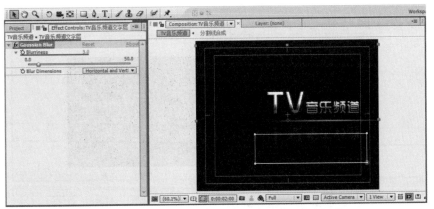

图6-32　设置Gaussian Blur（高斯模糊）的相关参数

提示　Gaussian Blur（高斯模糊）特效主要是通过高斯运算从而在图像上产生大面积的模糊效果，其各项参数含义如下：
- Blurriness（模糊）：用来设置图像模糊的程度。
- Blur Dimensions（模糊方向）：用来设置图层模糊的方向，在其右侧下拉菜单中包含 Horizontal and Vertical（水平和垂直）、Horizontal（水平）、Vertical（垂直）三个选项。

6.3 "TV MUSIC CHANNEL" 文字并添加特效

STEP 01 创建"TV MUSIC CHANNEL"文字层，执行菜单栏中的 Layer（层）|New（新建）|Text（文字层）命令或者单击工具栏 T 图标，输入大写文字"TV MUSIC CHANNEL"，设置"TV MUSIC CHANNEL"字体为"时尚中黑简体"，文字大小为 22px 颜色为白色，字距 为 456。如图 6-33 所示。

图6-33 建立"TV MUSIC CHANNEL"文字层

STEP 02 调整新建立的"TV MUSIC CHANNEL"文字层位置，在时间线上单击选择"TV MUSIC CHANNEL"层，展开 Transform（转换）选项，设置 Position（位置）为 472.0、318.0。如图 6-34 所示。

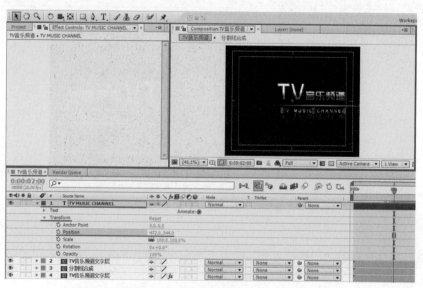

图6-34 调整"TV MUSIC CHANNEL"文字层位置

STEP 03 为"TV MUSIC CHANNEL"文字层添加 Ramp（渐变）特效，执行菜单栏中的 Effect（滤镜）|Generate（生成）| Ramp（渐变）命令，设置 Ramp（渐变）中 Start of Ramp（开始点）为 470.0，308.0；设置 Start Color（开始颜色）为白色"R：255、G：255、B：255"；设

置 End of Ramp（结束点）为 470.0，313.0；设置 End Color（结束颜色）为黑色"R：0、G：0、B：0"，设置 Blend With Original（混合原图）值为31%，其他参数保持不变。如图 6-35 所示。

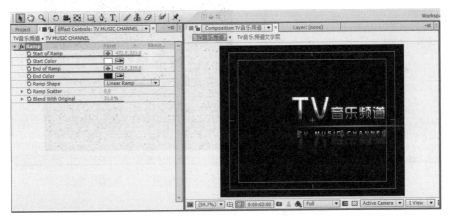

图6-35 为"TV MUSIC CHANNEL"文字层添加Ramp（渐变）特效

STEP 04 为"TV MUSIC CHANNEL"层添加 Emboss（浮雕）特效，执行菜单栏中的 Effect（滤镜）|Stylize（风格化）|Emboss（浮雕）命令，设置 Emboss（浮雕）特效相关参数，设置 Direction（方向）值为0x+234.0°，Relief（浮雕）值为2.60，Contrast（对比度）值为765，Blend With Original（混合原图）值为55%。如图 6-36 所示。

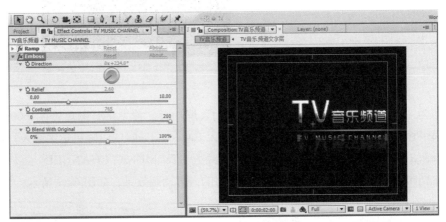

图6-36 为"TV MUSIC CHANNEL"层添加Emboss（浮雕）特效

STEP 05 为使"TV MUSIC CHANNEL"层明度部分更亮一些，接下来为"TV MUSIC CHANNEL"层再添加一个 Glow（发光）效果。在时间线上单击选择"TV MUSIC CHANNEL"层，执行菜单栏中的 Effect（滤镜）|Stylize（风格化）|Glow（发光）命令，设置 Glow（发光）特效相关参数，设置 Glow Threshold（发光阈值）为82%；设置 Glow Intensity（发光强度）值为1.2，其他参数保持不变。如图 6-37 所示。

STEP 06 为"TV MUSIC CHANNEL"层添加 Drop Shadow（投影）效果，执行菜单栏中的 Effect（特技）|Perspective（透视）| Drop Shadow（投影）命令，设置 Drop Shadow（投影）特效相关参数，设置 Opacity（不透明度）值为100%，Distance（距离）值为8.0，Softness（柔和）值为12.0。如图 6-38 所示。

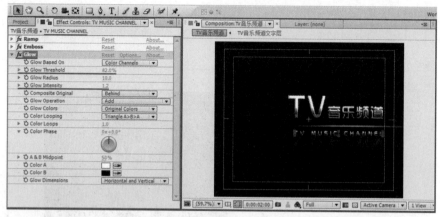

图6-37 为"TV MUSIC CHANNEL"层添加Glow(发光)特效

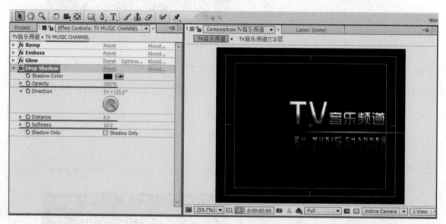

图6-38 为"TV MUSIC CHANNEL"层添加Drop Shadow(投影)特效

STEP 07 为"TV MUSIC CHANNEL"层添加入屏动画,首先将游标放置在 0:00:00:00 处,在 Effects & Presets(特效与预置)搜索窗口中输入 Random Fade Up(随机逐字淡入)特效。将 Random Fade Up(随机逐字淡入)特效拖至时间线上"TV MUSIC CHANNEL"层,按小键盘【0】键预览便可得到"TV MUSIC CHANNEL"层的入屏动画效果。如图 6-39 所示。

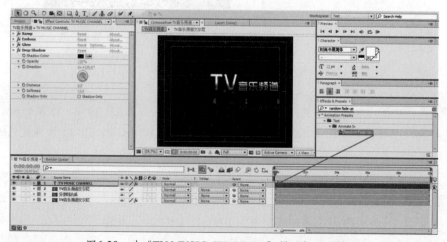

图6-39 为"TV MUSIC CHANNEL"层添加入屏动画

TV音乐频道

STEP|08 为使动画衔接更加完整，画面更加紧凑，在时间线上单击选择"TV MUSIC CHANNEL"层，移动"TV MUSIC CHANNEL"层的起始帧至 0:00:02:00 处。如图 6-40 所示。

图6-40　移动"TV MUSIC CHANNEL"层的起始帧至0:00:02:00处

6.4 导入"话筒"素材

STEP|01 导入预先制作好的"话筒"素材。执行菜单栏中的 File（文件）| Import（导入）|File（文件）命令，或者使用快捷键【Ctrl+I】打开导入素材属性框，在光晕文件夹中选择"话筒_00000"素材，并且勾选 Targa Sequence（Targa 序列）选项，单击"打开"按钮。如图 6-41 所示。

STEP|02 在弹出的 Interpret Footage（解释素材）中设置 Alpha（通道）为 Straight-Unmatted（直接转换），单击【OK】键确定。如图 6-42 所示。

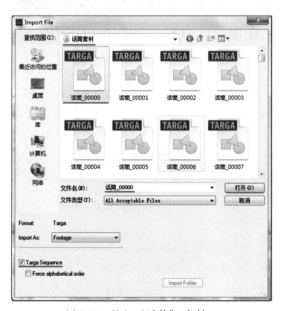

图6-41　导入"话筒"素材

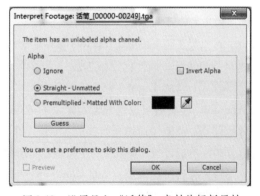

图6-42　设置导入"话筒"素材的解析属性

STEP 03 将新导入的"话筒"素材层拖拽至时间线上,打开其 Transform(转换)选项,设置 Position(位置)值为 162.0、428.0,其他参数不变。如图 6-43 所示。

图6-43 设置"话筒"素材Position(位置)参数

STEP 04 可以简单预览下动画单帧小样效果。如图 6-44 所示。

图6-44 预览动画单帧小样效果

STEP 05 为画面添加 Light Factory(光工厂)插件制作画面顶部光效。执行菜单 Layer(层) |New(新建)|Solid(固态层)命令,设置 Name(名称)为"顶部光效",并设置 Color(颜色)为黑色,在时间线上单击选择"顶部光效"层,执行菜单栏中的 Effect(滤镜)| Knoll Light Factory(光工厂)| Light Factory EZ 命令,这时在 Effects Controls(特效控制)面板上会看到 Light Factory EZ 插件已经添加到"顶部光效"层之上。如图 6-45 所示。

STEP 06 设置 Light Factory EZ 的相关参数,将 Flare Type(光斑类型)设置为 Distant Quantum,设置后可以直观看到光斑的效果,如图 6-46 所示。

STEP 07 调整"顶部光效"层 Mode(混合模式)为 Add(增加)。设置光效 Scale(缩放)值为 3.70;然后设置 Light Factory EZ 参数位置和光斑角度动画,在时间线上单击选择"顶部光效"层,并将游标拖动至 0:00:00:00 处,展开 Effect(滤镜)选项,单击 Light Source Location(光源位置)码表 图标并设置关键帧,设置 Light Source Location(光源位置)为 -442.0,-23.2

如图 6-47 所示；将游标拖动至 0:00:01:05 处，设置 Light Source Location（光源位置）为 336.0、-23.2，如图 6-48 所示；将游标拖动至 0:00:07:00 处，设置 Light Source Location（光源位置）为 697.0、-23.2，如图 6-49 所示。

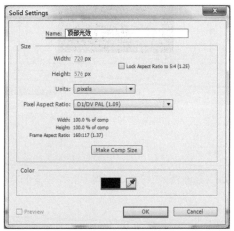

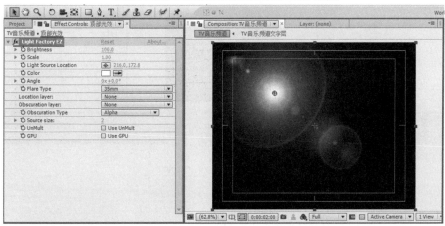

图6-45　新建"顶部光效"Solid（固态层）并添加Light Factory（光工厂）插件

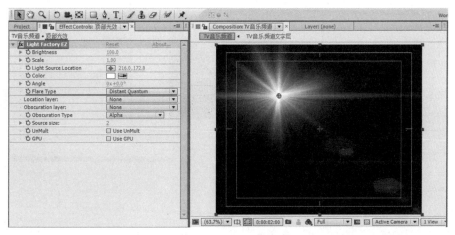

图6-46　将Light Factory EZ参数Flare Type（光斑类型）设置为Distant Quantum

图6-47　更改层Mode（混合模式）为Add（增加）并设置0:00:00:00处关键帧动画

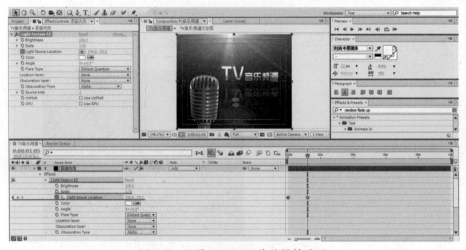

图6-48　设置0:00:01:05处关键帧动画

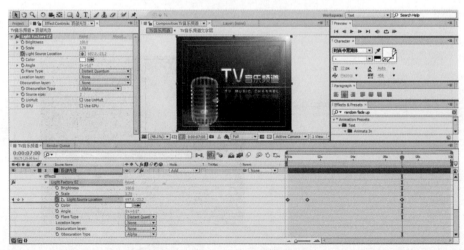

图6-49　设置0:00:07:00处关键帧动画

STEP 08 为"顶部光效"层添加 Hue/Saturation（色相/饱和度）特效，调整画面整体色调为红色，在时间线上单击选择"顶部光效"层，执行菜单栏中的 Effect（特技）| Color Correction（色彩校正）| Hue/Saturation（色相/饱和度）命令，这时会在 Effects Controls（特效控制）面板上可以看到 Hue/Saturation（色相/饱和度）特效已经添加到"顶部光效"层之上，如图6-50所示。

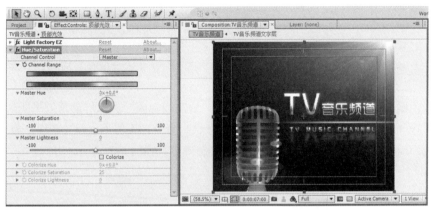

图6-50　为"顶部光效"层添加Hue/Saturation（色相/饱和度）特效

STEP 09 设置 Hue/Saturation（色相/饱和度）特效相关参数。首先勾选 Colorize（着色），激活其下面三个选项，设置 Colorize Hue（着色色相）值为2x+6.0°；设置 Colorize Saturation（着色饱和度）值为100，其他参数不变。如图6-51所示。

图6-51　设置Hue/Saturation（色相/饱和度）特效相关参数

> 　Hue/Saturation（色相/饱和度）主要用来控制图像画面的色调和色彩饱和度，调整饱和度的值为0时，画面可调整为单色。其各项参数含义如下：
> - Channel Control（通道控制）：在其右侧下拉选项中可以选择需要调整的颜色通道。Master（主色调）、Reds（红色）、Yellows（黄色）、Greens（绿色）、Cyans（青色）、Blues（蓝色）、Magentas（品红）。
> - Channel Range（通道范围）：用来设置画面图像颜色范围，分为上下两层调色预览面板，其中上层调色面板显示的是画面调整之前的颜色，下层调色面板显示的是画面调整之后的颜色。

- Master Saturation（主色调饱和度）：用于调整画面颜色的饱和程度。
- Master Lightness（主色调亮度）：用于调整画面主色调的亮度。
- Colorize（着色）：此项勾选之后，可以将多彩的画面调整为单一的图像效果，也可以为单色图像或者灰度图像添加色彩。勾选之后同时激活 Colorize Hue（着色色相）、Colorize Saturation（着色饱和度）、Colorize Lightness（着色亮度）。
- Colorize Hue（着色色相）：用于设置调色后图像画面的颜色色调。
- Colorize Saturation（饱和度）：用于设置调色后图像画面的颜色饱和度。
- Colorize Lightness（着色亮度）：用于设置着色后图像画面的颜色亮度。

STEP 10 为画面添加一组光效，主要用于配合"分割线合成"层入屏动画效果所产生的光晕。执行菜单 Layer（层）|New（新建）|Solid（固态层）命令，设置 Name（名称）为"分割线光效"，并设置 Color（颜色）为黑色，单击【OK】键确定。如图 6-52 所示。

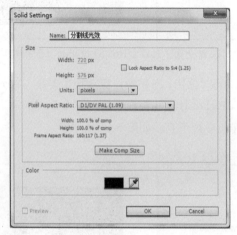

图6-52　新建Solid（固态层）"分割线光效"

STEP 11 在时间线上单击选择"分割线光效"层，执行菜单栏中的 Effect（滤镜）| Knoll Light Factory（光工厂）| Light Factory EZ 命令，这时在 Effects Controls（特效控制）面板上可以看到 Light Factory EZ 插件已经添加到"分割线光效"层之上。如图 6-53 所示。

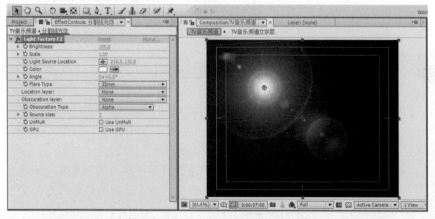

图6-53　为"分割线光效"层添加Light Factory（光工厂）特效插件

STEP 12 设置 Light Factory EZ 相关参数，将 Flare Type（光斑类型）设置为 Vortex Bright，可以直观看到光斑的效果，如图 6-54 所示。

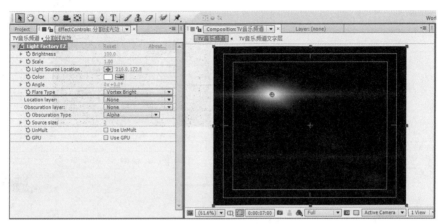

图6-54 设置Light Factory EZ参数Flare Type（光斑类型）为Vortex Bright

STEP 13 在时间线上将"分割线光效"层 Mode（混合模式）调整为 Add（增加），并且设置光效 Scale（缩放）值为 0.80，设置完毕之后可以得到光效叠加之后的最终合成效果。如图 6-55 所示。

图6-55 将"分割线光效"层Mode（混合模式）调整为Add（增加）并设置Scale（缩放）值为0.80

STEP 14 调整"分割线光效"层的起始帧位置，在时间线上单击选择"分割线光效"层，移动其起始帧至 0:00:01:10 处。如图 6-56 所示。

STEP 15 设置 Light Factory EZ 参数位置和光斑角度动画，在时间线上单击选择"分割线光效"层，将游标拖动至 0:00:01:10 处，展开 Effect（滤镜）选项，单击 Light Source Location（光源位置）码表图标，并打开关键帧设置选项，设置 Light Source Location（光源位置）为 -350.0,306.8，如图 6-57 所示；将游标拖动至 0:00:02:19 处，设置 Light Source Location（光源位置）为 449.0,306.8，如图 6-58 所示；将游标拖动至 0:00:06:00 处，设置 Light Source Location（光源位置）为 879.0,306.8，如图 6-59 所示。

图6-56 移动"分割线光效"层的起始帧位置

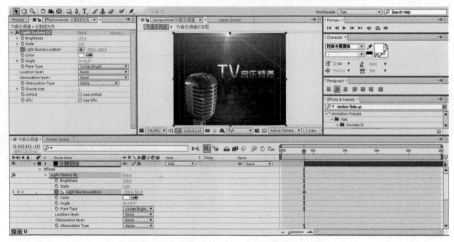

图6-57 设置0:00:01:10处关键帧动画

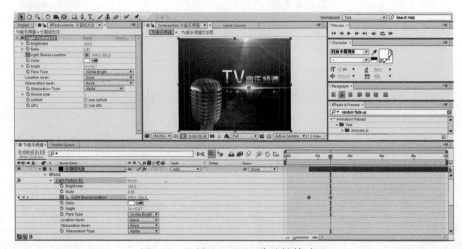

图6-58 设置0:00:02:19处关键帧动画

TV音乐频道

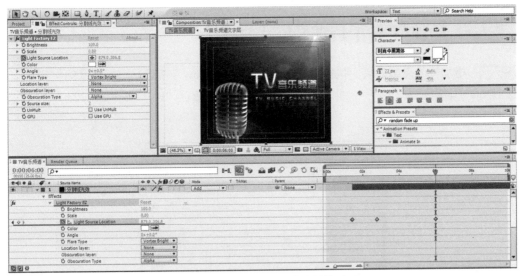

图6-59 设置0:00:06:00处关键帧动画

STEP 16 通过预览画面可以发现"分割线光效"层的光晕有蓝色调在里面，与画面红色调极为不协调，接下来处理多余的蓝色。在时间线上单击选择"分割线光效"层，执行菜单栏中的Effect（特技）| Color Correction（色彩校正）|Tint（色调命令），添加特效后可以直观地看到蓝色调被处理掉的效果。如图 6-60 所示。

图6-60 添加Tint（色调）特效去除蓝色调

 Tint（色调）特效主要是通过对指定的画面颜色进行特定映射处理。其各项参数含义如下：
- Map Black to：用于设置画面图像中黑色和灰色部分映射的颜色。
- Map White to：用于设置画面中白色部分映射的颜色。
- Amount to Tint：用于设置色调映射时的百分比程度。

After Effects CS6　171

6.5 添加CC粒子仿真系统特效

STEP 01 增加粒子点缀效果。执行菜单 Layer（层）| New（新建）| Solid（固态层）命令，设置 Name（名称）为"粒子"，并设置 Color（颜色）为黄色"R：255、G：223、B：0"，如图 6-61 所示。

图6-61 新建Solid（固态层）

STEP 02 在时间线上选择"粒子"层，执行菜单栏中的 Effect（滤镜）| Simulation（模拟）| CC Particle Systems II（CC粒子仿真系统）命令，这时在 Effects Controls（特效控制）面板上会看到 CC Particle Systems II（CC粒子仿真系统）特效已经添加到"粒子"层之上。如图 6-62 所示。

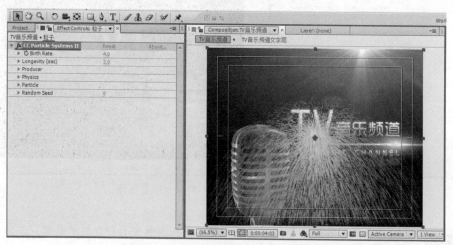

图6-62 为"粒子"层添加CC Particle Systems II（CC粒子仿真系统）

STEP 03 在时间线上选择"粒子"层，设置 Birth Rate（出生率）值为0.1；设置 Producer（发生器）下的 Position（位置）值为360.0, -75.0；设置 Physics（物理学）选项下的 Velocity（速度）值为0.4，设置 Gravity（重力）值为0.3。如图6-63所示。

TV音乐频道 Chapter 06

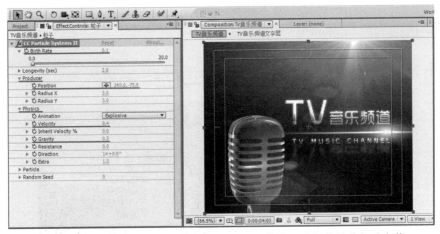

图6-63 设置CC Particle Systems II（CC粒子仿真系统）特效的相关参数

STEP|04 设置 CC Particle Systems II（CC 粒子仿真系统）相关参数，展开 Particle（粒子）选项，设置 Particle Type（粒子类型）为 Cube（方形）；设置 Birth Size（产生粒子尺寸）值为 0.01；设置 Death Size（消失粒子尺寸）值为 0.03；设置 Max Opacity（最大不透明度）值为 31.0%；设置 Birth Color（产生粒子颜色）为白色"R：255、G：255、B：255"；Death Color（消失粒子颜色）颜色为白色"R：255、G：255、B：255"，其他参数保持不变。如图 6-64 所示。

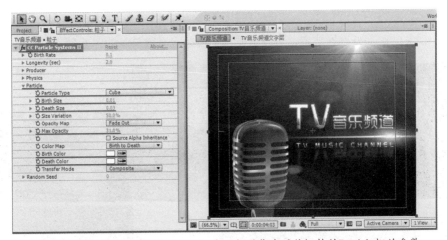

图6-64 设置CC Particle Systems II（CC粒子仿真系统）特效Particle相关参数

 提示

添加 CC Particle Systems II（CC 粒子仿真系统）特效可以产生大量的运动粒子效果，可通过对粒子产生的方式、形状、大小、颜色进行设置，从而制作出所需要的粒子运动效果。其各项参数含义如下：

- Birth Rate（出生率）：用于设置粒子产生的数量。
- Longevity（寿命）：以秒为单位，用于设置粒子产生后的存活时间长度。
- Producer（发生器）：用于设置粒子产生的位置和产生的轴向范围。
- Physics（物理学）：用于设置粒子的运动效果。
- Particle（粒子）：用于设置粒子的类型、大小、颜色、纹理贴图、不透明度以及叠加模式。

After Effects CS6 | 173

STEP 05 将"粒子"层的 Mode（混合模式）调整为 Add（增加），可以通过画面预览会看到随机的粒子从画面顶部入画的效果。如图 6-65 所示。

图6-65 将"粒子"层的 Mode（混合模式）调整为Add（增加）

STEP 06 视频动画部分设置结束，可以生成预览视频观看效果。如图 6-66 所示。

图6-66 生成预览视频效果

6.6 添加声音合成渲染输出

STEP 01 导入本章音频文件，执行菜单栏中的 File（文件）|Import（导入）|File（文件）命令，

选择"第六章音乐"素材,单击打开并将其拖至时间线上。选择小键盘【0】键生成预览效果。如图 6-67 所示。

图6-67　导入本章音频文件

STEP|02 合成完毕,渲染 Targa 序列帧输出。执行菜单栏中的 Composition(合成)| Add to Render Queue(添加到渲染队列)命令。Output Module Settings(输出模块设置)如图 6-68 所示。

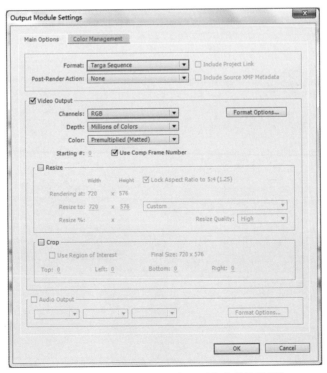

图6-68　Output Module Settings(输出模块设置)

STEP 03 单击【Render】按钮最终渲染输出。如图6-69所示。

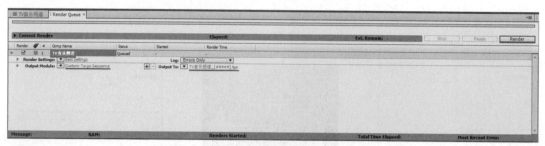

图6-69 单击【Render】按钮最终渲染输出

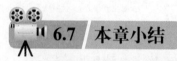

6.7 本章小结

通过本章的学习，使大家对 After Effects 自带特效如 Emboss（浮雕）、Glow（发光）、Drop Shadow（投影）、Bulge（凹凸效果）、Tint（色调）等有一个重新认识和学习的过程，而后半部分 Light Factory（光工厂）特效的加入是本章的点睛之处，CC Particle Systems II（CC 粒子仿真系统）的应用则起到了点缀的作用。

寓教于情、润物无声

本章学习重点

- Starglow（星光）使用方法
- Particular（粒子）使用方法
- 摄影机动画使用方法
- 蒙版特效使用方法

制作思路

"寓教于情、润物无声"实例效果主要通过 After Effects 的自带 Ramp（渐变）、Bevel Alpha（Alpha 斜角）特效的制作文字效果。利用 After Effects 外置插件 Starglow（星光）、Particular（粒子）制作光效效果是本章的重点。辅以蒙版特效、关键帧动画和摄影机的简单动画效果等多种知识点的综合运用，构成了本章的最终合成效果。

7.1 创建视频合成背景

STEP 01 启动 After Effects CS6 软件，如图 7-1 所示。

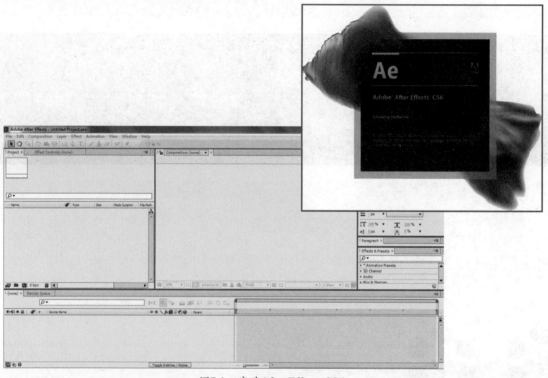

图7-1　启动 After Effects CS6

STEP 02 执行菜单栏中的 Composition（合成）| New Composition（新建合成）命令，打开 Composition Setting（合成设置）对话框，设置 Composition Name（合成名称）为"寓教于情、润物无声"，并设置 Preset（预置）为 PAL D1/DV，设置 Pixel Aspect Ratio（像素宽高比）为 PAL D1/DV（1.09），Frame Rate（帧速率）为 25，设置 Resolution（图像分辨率）为 Full，并设置 Duration（持续时间）为 0:00:10:00 秒，如图 7-2 所示。

寓教于情、润物无声

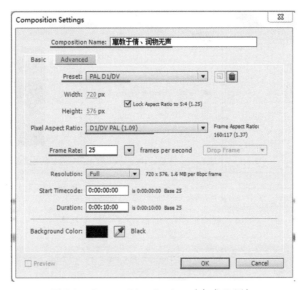

图7-2 Composition Setting（合成设置）

STEP 03 单击【OK】按钮确定后，在Project（项目）工程面板中将出现一个名为"寓教于情、润物无声"的合成层，同时在Timeline（时间线）中也同时出现了"寓教于情、润物无声"的字样，如图7-3所示。

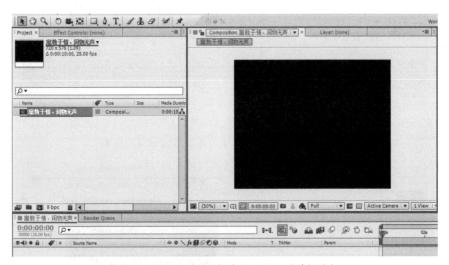

图7-3 Project（项目）与Timeline（时间线）

STEP 04 创建两个背景层。执行菜单栏中的Layer（层）|New（新建）|Solid（固态层）命令，在弹出的对话窗口中设置Name（名称）为"背景层下"，设置Solid Color（固态层颜色）为"R：120、G：0、B：0"。单击【OK】键确定。如图7-4所示。

STEP 05 在时间线上单击选择"背景层下"，选择工具栏中 图标，为其添加椭圆形Mask蒙版特效，其形状大小如图7-5所示。

STEP 06 展开"背景层下"Mask蒙版选项，设置Mask Feather（蒙版羽化）值为382.0、382.0 pixels；设置Mask Expansion（蒙版扩展）值为-143.0 pixels；其他参数不变，如图7-6所示。

After Effects CS6　179

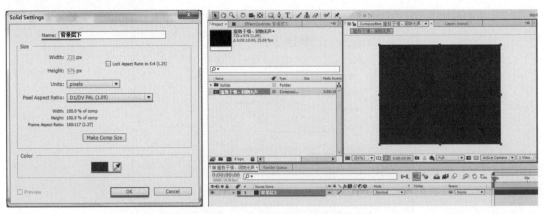

图7-4 创建Solid（固态层）"背景层下"

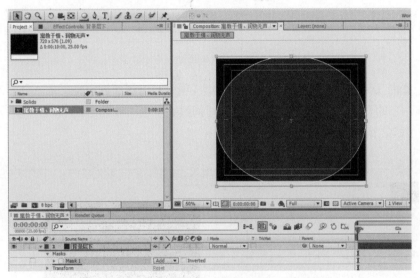

图7-5 为"背景层下"添加椭圆形Mask蒙版特效

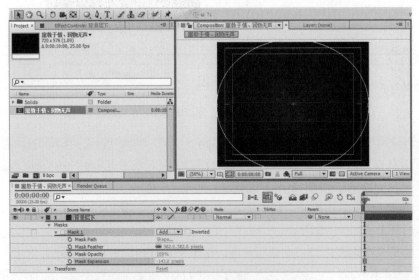

图7-6 设置"背景层下"Mask蒙版选项参数

STEP 07 创建"背景层上"。执行菜单栏中的 Layer（层）|New（新建）|Solid（固态层）命令，在弹出的对话窗口中设置 Name（名称）为"背景层上"，设置 Solid Color（固态层颜色）值为"R：53、G：28、B：164"。单击【OK】键确定。如图7-7所示。

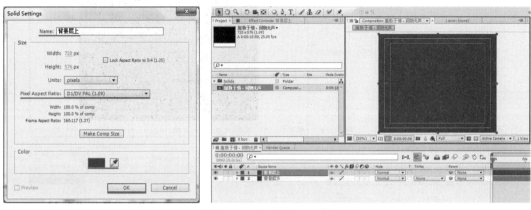

图7-7　创建Solid（固态层）"背景层上"

STEP 08 在时间线上单击选择"背景层上"，选择工具栏中 图标，为其添加矩形 Mask 蒙版特效，其形状大小如图 7-8 所示。

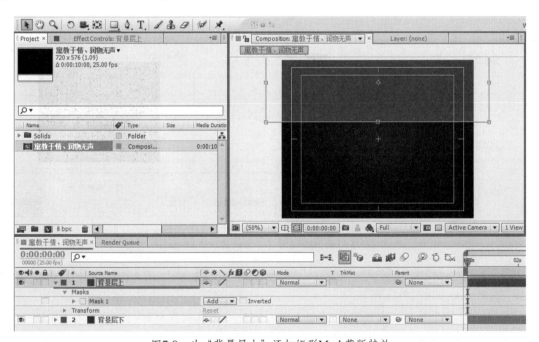

图7-8　为"背景层上"添加矩形Mask蒙版特效

STEP 09 展开"背景层上"Mask 蒙版选项，单击取消蒙版羽化约束 图标选项，设置 Mask Feather（蒙版羽化）值为 0.0、555.0 pixels，其他参数不变，如图 7-9 所示。

STEP 10 创建背景层。执行菜单栏中的 Layer（层）|New（新建）|Solid（固态层）命令，在弹出的对话窗口中设置 Name（名称）为"背景层"，设置 Solid Color（固态层颜色）值为黑色，单击【OK】键确定。如图 7-10 所示。

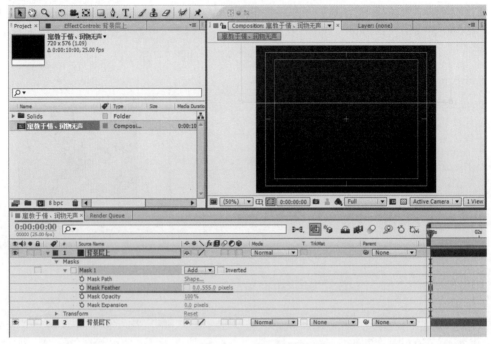

图7-9　设置"背景层上"Mask蒙版特效选项参数

 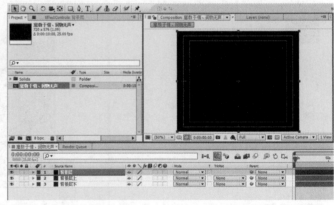

图7-10　创建"背景层"

STEP|11 在时间线上单击选择"背景层",选择工具栏中■图标,为其添加椭圆形Mask蒙版特效,其形状大小如图7-11所示。

STEP|12 在时间线上单击选择"背景层",展开"背景层"Mask蒙版选项,首先勾选Inverted(反转)选项,设置Mask Feather(蒙版羽化)值为315.0、315.0 pixels,其他参数不变,如图7-12所示。

> **提示**　背景创建的方法有很多,而利用Solid(固态层)与蒙版特效的组合是最实用和快捷的方法之一,建议大家在学习的时候灵活运用,不同的组合所产生的效果也不一样。

寓教于情、润物无声 Chapter 07

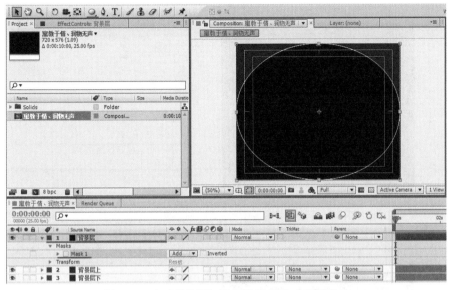

图7-11 为"背景层"添加椭圆形Mask蒙版特效

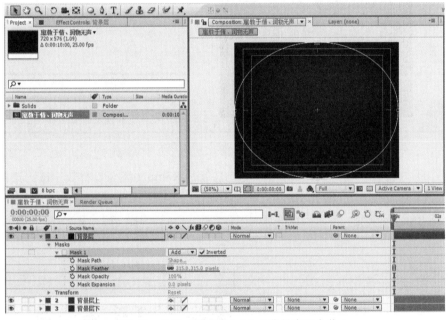

图7-12 设置"背景层"Mask蒙版选项参数

7.2 创建文字并添加特效

STEP 01 创建文字层并添加文字。执行菜单栏中的 Layer（层）|New（新建）|Text（文字层）命令或者单击工具栏 T 图标，输入文字"【寓教于情、润物无声】"，设置"【寓教于情、润物无声】"字体为"方正兰亭粗黑简体"，字号大小为51px，如图 7-13 所示；设置"情"字体为"方正行楷简体"，字号大小为89px，如图 7-14 所示。

图7-13 设置"【寓教于情、润物无声】"字体及字号

图7-14 设置"情"字体及字号

STEP 02 为"【寓教于情、润物无声】"文字层添加Ramp（渐变）特效。执行菜单栏中的Effect（滤镜）|Generate（生成）|Ramp（渐变）命令，这时在Effects Controls（特效控制）面板上会看到Ramp（渐变）特效已经添加到"【寓教于情、润物无声】"文字层之上。如图7-15所示。

图7-15 为"【寓教于情、润物无声】"文字层添加Ramp（渐变）特效

STEP 03 将 Ramp（渐变）中 Start of Ramp（开始点）设置为 361.1，309.3，Start Color（开始颜色）为黑色，End of Ramp（结束点）为 361.1，238.2，End Color（结束颜色）为白色，Ramp Scatter（渐变扩散）值为 84.9；Blend With Original（混合原图）值为 67.0%，其他参数保持不变。如图 7-16 所示。

图7-16　设置Ramp（渐变）相关参数

> **提示** Ramp（渐变）特效可以产生双色渐变效果，能与原始图像融合产生新的渐变效果。其各项参数含义如下：
> - Start of Ramp（开始点）：用于设置渐变开始的位置。
> - Start Color（开始颜色）：用于设置渐变开始的颜色。
> - End of Ramp（结束点）：用于设置渐变结束的位置。
> - End Color（结束颜色）：用于设置渐变结束的颜色。
> - Ramp Shape（渐变形状）：用于设置渐变的形式，包括 Linear（线性渐变）和 Radial Ramp（放射渐变）两个选项。
> - Ramp Scatter（渐变扩散）：用于设置渐变扩散的程度，值设置过大时将产生颗粒效果。
> - Blend With Original（混合原图）：用于设置渐变颜色与原图像的混合百分比。

STEP 04 为"【寓教于情、润物无声】"文字层添加 Bevel Alpha（Alpha 斜角）特效，执行菜单栏中的 Effect（特技）|Perspective（透视）| Bevel Alpha（Alpha 斜角）命令，这时在 Effects Controls（特效控制）面板上会看到 Bevel Alpha（Alpha 斜角）特效已经添加到"【寓教于情、润物无声】"文字层之上。如图 7-17 所示。

STEP 05 设置 Bevel Alpha（Alpha 斜角）特效的相关参数。设置 Edge Thickness（边缘厚度）值为 2.08；Light Angle（光源角度）值为 0x+ -60.0°；Light Intensity（光照强度）值为 0.50。如图 7-18 所示。

图7-17 为"【寓教于情、润物无声】"文字层添加Bevel Alpha（Alpha斜角）特效

图7-18 设置Bevel Alpha（Alpha斜角）特效相关参数

STEP|06 选择"【寓教于情、润物无声】"文字层，为其添加一个Starglow（星光）特效。执行菜单Effect（滤镜）|Trapcode|Starglow命令，这时在Effects Controls（特效控制）面板看到Starglow（星光）特效已经添加到"【寓教于情、润物无声】"文字层之上。如图7-19所示。

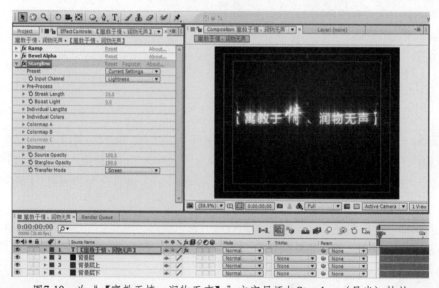

图7-19 为"【寓教于情、润物无声】"文字层添加Starglow（星光）特效

STEP 07 添加 Starglow（星光）特效之后，在视频合成窗口中可以直接观看到合成效果，如图 7-20 所示。

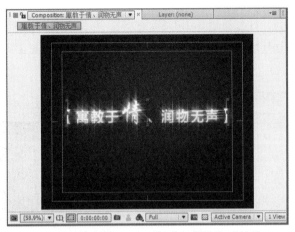

图7-20 添加Starglow（星光）特效之后效果

STEP 08 设置 Starglow（星光）特效的主要参数。设置 Streak Length（散射长度）为 2.0；展开 Colormap A（颜色列表）选项，在 Preset（预设）菜单中选择 Spirit；展开 Colormap B（颜色列表）选项，在 Preset（预设）菜单中选择 Romance；设置 Starglow Opacity（星光不透明度）值为 40%，其他参数不变。如图 7-21 所示。

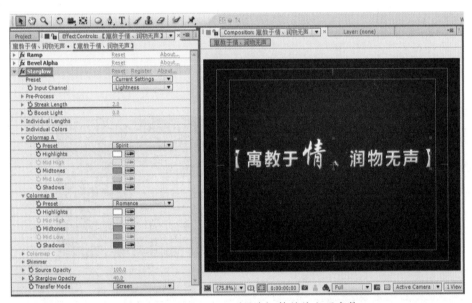

图7-21 设置Starglow（星光）特效的主要参数

提示 Starglow（星光）特效是一个能在 After Effects 中快速制作星光闪耀效果的外置插件，它可以在视频合成窗口中添加星型的闪耀效果，而且可以分别指定 8 个闪耀方向的颜色和长度，每个方向都能被单独的赋予颜色贴图和调整强度并记录动画效果。利用 Starglow（星光）特效可以为画面制作出梦幻视觉效果，会使画效果面更加丰富。

7.3 创建星光动画

STEP 01 创建星光动画,首先新建 Solid(固态层),在弹出的对话窗口中设置 Name(名称)为"星光动画",设置 Solid Color(固态层颜色)值为黑色,单击【OK】键确定。如图 7-22 所示。

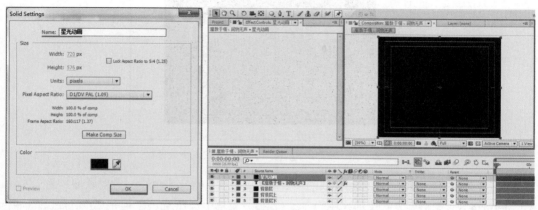

图7-22 创建Solid(固态层)"星光动画"

STEP 02 为"星光动画"层添加 Trapcode Particular 插件,首先在时间线上单击选择"星光动画"层,然后执行菜单栏中的 Effect(特技)|Trapcode | Particular 命令,这时在 Effects Controls(特效控制)面板上可以看到 Particular(粒子)特效已经添加到"星光动画"层之上。如图 7-23 所示。

图7-23 为"星光动画"层添加Particular(粒子)特效

STEP 03 拖动时间线上的游标可以看到粒子发射动画的简单效果。如图 7-24 所示。

STEP 04 设置 Particular(粒子)特效相关参数,展开 Emitter(发射器)属性窗口,设置

Particles/sec（粒子数量/秒）值为500；调整Emitter Type（发射类型）为Sphere（球形）；设置Velocity（速率）值为200，设置Velocity Random[%]（随机运动）值为82.0，设置Velocity from Motion[%]（继承运动速度）值为10，设置Emitter Size Y（发射器Y轴尺寸）值为99；设置Random Speed（随机速度）值为0，如图7-25所示。

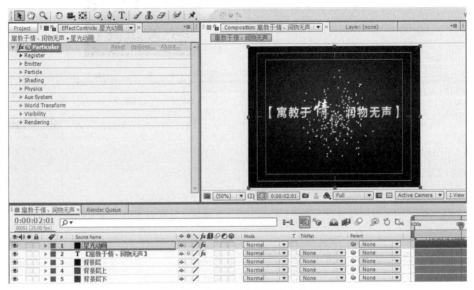

图7-24 粒子发射动画简单效果

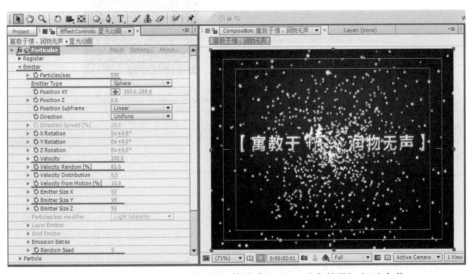

图7-25 设置Particular（粒子）特效中Emitter（发射器）相关参数

STEP 05 设置Emitter（发射器）位移动画，展开Emitter（发射器）属性窗口，将时间线游标移动至0:00:00:00处，打开关键帧码表，设置Position XY（XY轴位置）值为-37.0，239.0，如图7-26所示。

STEP 06 将时间线游标移动至0:00:00:15处，设置Position XY（XY轴位置）值为1200.0，239.0，其他参数不变，如图7-27所示。

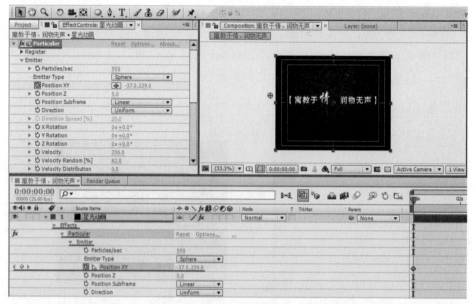

图7-26 设置0:00:00:00处Emitter（发射器）位移动画关键帧参数

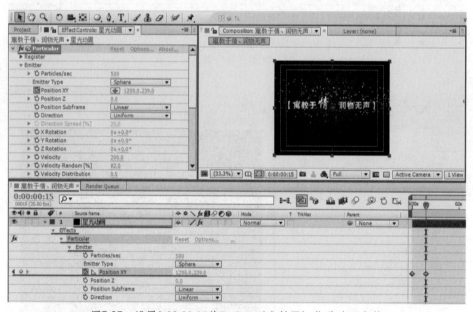

图7-27 设置0:00:00:15处Emitter（发射器）位移动画参数

STEP 07 设置Particle（粒子）相关参数，设置Life[sec]（生命[秒]）值为1，Life Random[%]（生命随机）值为50，Particle Type（粒子类型）为Glow Sphere（No DOF）（发光球体），Sphere Feather（球体羽化）值为0.0，Size（尺寸）值为4.1，Size Random[%]（尺寸随机）值为99.0，Transfer Mode（应用模式）为Add（相加）。如图7-28所示。

STEP 08 展开Aux System（辅助系统）属性窗口，设置Emit（发射）类型为Continuously（继续），Emit Probability[%]（发射概率）值为40，Life[sec]（生命[秒]）值为1.5，Type（类型）为Star（NO DOF）（星形）；Velocity（速率）值为218.0。设置Size（尺寸）值为5.0，

Opacity（不透明度）值为100，Color From Main[%]（继承主体颜色）值为100。设置Transfer Mode（应用模式）为Add（相加），Control from Main Particles（控制继承主体粒子）选项下Stop Emit[% of Life]（结束发射）值为1，Physics（Air mode only）（物理学仅空气模式）选项下Air Resistance（空气阻力）值为2，Randomness（随机性））选项下Life（生命）值为50，Size（尺寸）值为50，如图7-29所示。

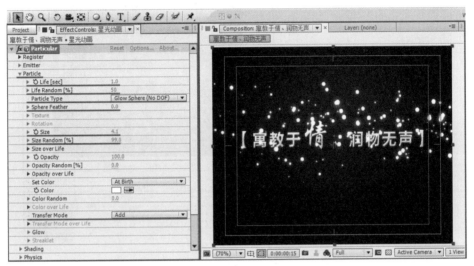

图7-28　设置Particle（粒子）选项相关参数

图7-29　设置Aux System（辅助系统）选项相关参数

> **提示**　此步骤的参数设置相对繁琐，在学习此处知识点的时候可以针对参数设置多尝试几次，因为不同的参数组合，得到的效果也不同。希望读者学习过这个知识点后，能总结出属于自己的一些操作心得和实用技法。

STEP|09 为"星光动画"层添加Starglow（星光）特效，执行菜单Effect（滤镜）|Trapcode|Starglow命令，这时在Effects Controls（特效控制）面板上可以看到Starglow（星光）特效已经添加到"星光动画"层之上。如图7-30所示。

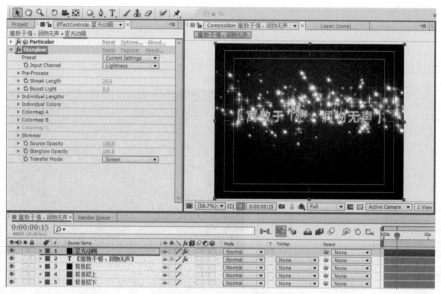

图7-30　为"星光动画"层添加Starglow（星光）特效

STEP|10 设置Starglow（星光）特效的主要参数。设置Input Channel（导入通道）为Luminance（光亮度），Streak Length（散射长度）为11.0；展开Colormap A（颜色列表）选项，在Preset（预设）菜单中选择Magic（魔术）模式；展开Colormap B（颜色列表）选项，在Preset（预设）菜单中选择Magic（魔术）模式，其他参数不变。如图7-31所示。

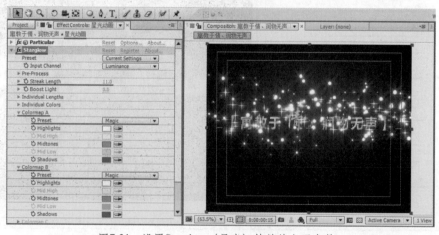

图7-31　设置Starglow（星光）特效的主要参数

7.4　创建三维摄影机

STEP|01 添加三维摄影机，执行菜单栏中的Layer（层）|New（新建）|Camera（摄影机）命

令，在弹出的对话窗口中设置 Name（名称）为"摄影机"，设 Preset（预置）为 35mm，其他参数保持不变，单击【OK】键确定。如图 7-32 所示。

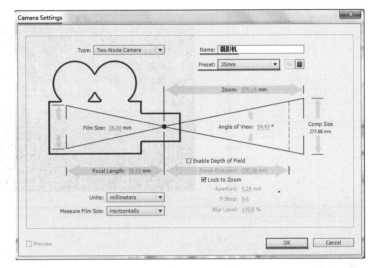

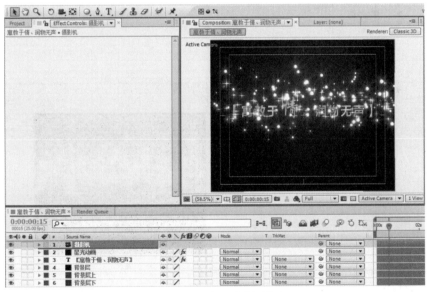

图7-32　添加三维摄影机

STEP 02 创建一个 Null Object（空层），执行菜单栏中的 Layer（层）|New（新建）null object（空层）命令，并将其重命名为"摄影机控制层"，如图 7-33 所示。

> **提示**　Null Object（空层）使用主要用来当作辅助物体，因为摄像机的移动操作不是很直观和便捷，所以很多时候都会把摄像机连接给空物体做父、子层的关联，进而用空层的移动和旋转带动摄影机图层的移动和旋转操作，而渲染过程中空层本身不会被显示出来。

STEP 03 将"摄影机控制层"与"摄影机"层做父子关联操作，并打开"摄影机控制层"与

"【寓教于情、润物无声】"文字层的三维属性选项,如图7-34所示。

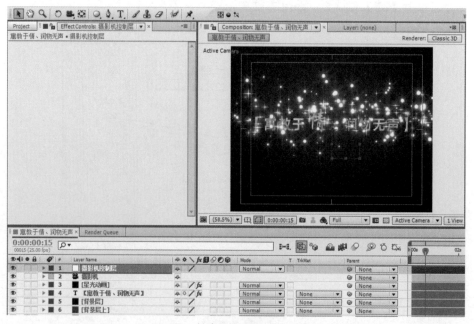

图7-33 创建Null Object(空层)

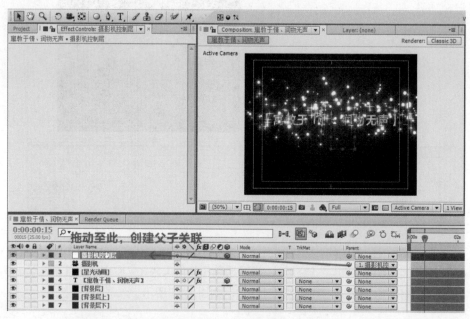

图7-34 将"摄影机控制层"与"摄影机"层做父子关联操作

STEP|04 设置"摄影机控制层"控制动画。将其起始帧移动至0:00:00:00处,展开Transform(转换)选项,单击打开Y Rotation(Y轴旋转)关键帧码表,并设置Y Rotation(Y轴旋转)参数为0x+90.0°,其他参数不变,如图7-35所示。

STEP|05 选择"摄影机控制层",将时间线游标移动至0:00:02:00处,设置Y Rotation(Y轴旋转)参数为0x+0.0°,其他参数不变,如图7-36所示。

寓教于情、润物无声

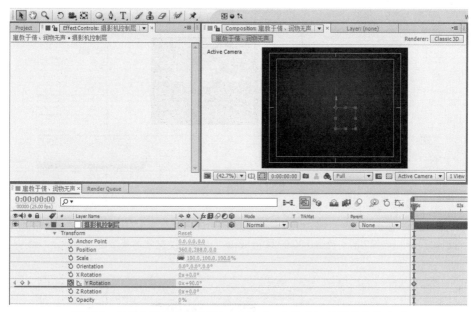

图7-35 设置0:00:00:00处Y Rotation（Y轴旋转）关键帧参数动画

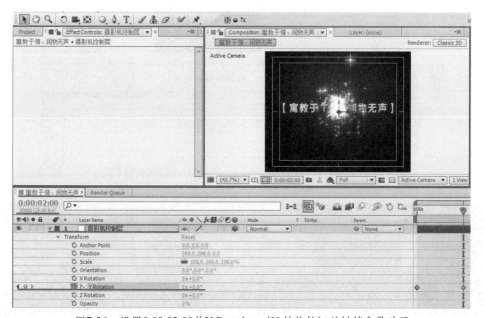

图7-36 设置0:00:02:00处Y Rotation（Y轴旋转）关键帧参数动画

STEP 06 制作"摄影机控制层"缩放动画，将时间线游标移动至0:00:02:00处，单击打开Scale（缩放）关键帧码表，并设置Scale（缩放）参数值为100.0%，其他参数不变，如图7-37所示。

STEP 07 选择"摄影机控制层"，将时间线游标移动至0:00:05:00处，设置Scale（缩放）参数值为115%，其他参数不变，如图7-38所示。

STEP 08 视频动画部分设置结束，可以生成预览视频观看效果。如图7-39所示。

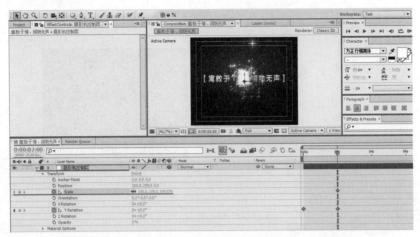

图7-37　设置0:00:02:00处Scale（缩放）关键帧参数动画

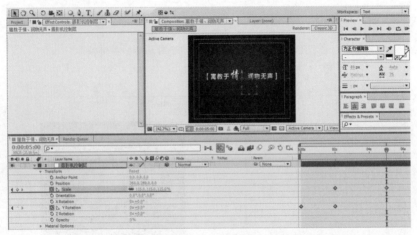

图7-38　设置0:00:05:00处Scale（缩放）关键帧参数动画

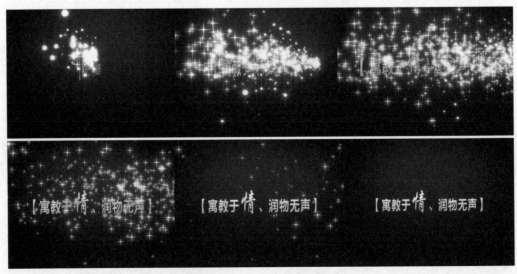

图7-39　生成预览视频效果

7.5 添加声音合成渲染输出

STEP|01 导入本章音频文件,执行菜单栏中的 File(文件)|Import(导入)|File(文件)命令,选择"第七章音乐"素材,单击打开并将其拖至时间线上。选择小键盘【0】键生成预览效果。如图 7-40 所示。

图7-40 导入本章音频文件

STEP|02 合成完毕,渲染 Targa 序列帧输出。执行菜单栏中的 Composition(合成)|Add to Render Queue(添加到渲染队列)命令。Output Module Settings(输出模块设置)如图 7-41 所示。

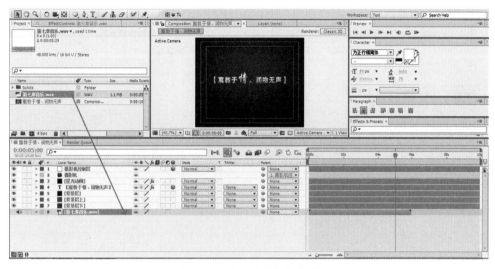

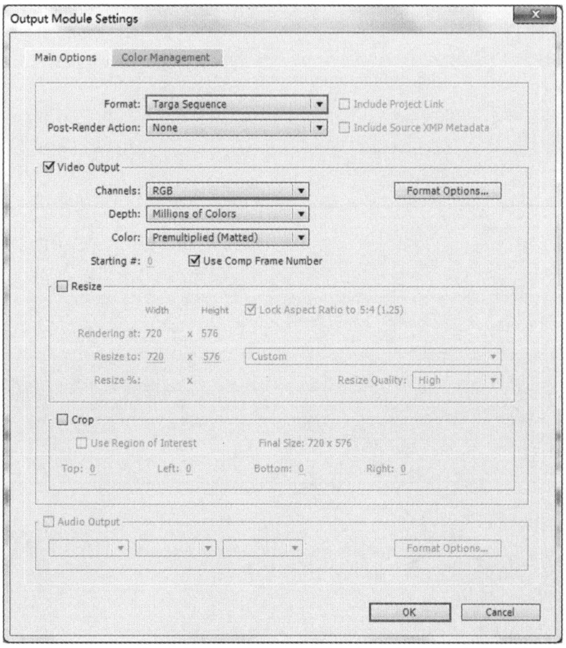

图7-41 Output Module Settings(输出模块设置)

STEP 03 单击【Render】按钮最终渲染输出。如图7-42所示。

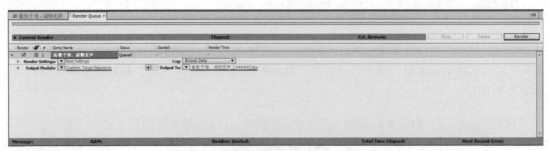

图7-42 单击【Render】按钮最终渲染输出

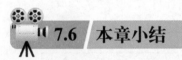

7.6 本章小结

通过本章的学习，主要使大家掌握After Effects自带的Ramp（渐变）、Bevel Alpha（Alpha斜角）、蒙版特效、关键帧动画和摄影机的简单动画效果简单应用方法，而利用After Effects外置插件Starglow（星光）、Particular（粒子）制作星光特效果是本章的重点。最终目的是让大家进一步了解After Effects自带特效的常用方法及After Effects外置插件应用技巧。

Chapter 08

金玉满堂

本章学习重点

- Curves（曲线）应用方法
- Fractal Noise（分形噪波）应用方法
- CC Particle World（CC 粒子仿真世界）应用方法
- Lens Flare（镜头光晕）应用方法
- 蒙版特效应用方法

制作思路

一些后期设计师在电视台、影视公司工作过程中，经常会遇到立体金属字的制作，大多数人都会用 MAYA、3DMAX 等三维软件，且制作流程大都是建模、材质、灯光、动画、渲染等几个环节，在制作过程中费时费力。本例的"金玉满堂"主要向大家详细介绍在 After Effects 中快速制作金属立体字的方法，通过运用 After Effects 的内置特效 Curves（曲线）、Fractal Noise（分形噪波）、Glow（发光）、CC Particle World（CC 粒子仿真世界）、Bevel Alpha（Alpha 斜角）、Lens Flare（镜头光晕）、蒙版特效等制作出最终合成效果，其中 Fractal Noise（分形噪波）、Bevel Alpha（Alpha 斜角）、蒙版特效是本章实例的知识重点。

8.1 创建"金玉满堂"文字

STEP 01 启动 After Effects CS6 软件，如图 8-1 所示。

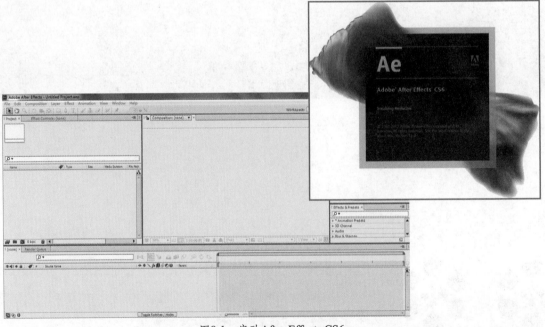

图8-1 启动 After Effects CS6

STEP 02 执行菜单栏中的 Composition（合成）| New Composition（新建合成）命令，打开 Composition Setting（合成设置）对话框，设置 Composition Name（合成名称）为"金玉满堂"，并设置 Preset（预置）为 PAL D1/DV，设置 Pixel Aspect Ratio（像素宽高比）为 PAL D1/DV (1.09)，Frame Rate（帧速率）为 25，设置 Resolution（图像分辨率）为 Full，并设置 Duration（持续时间）为 0:00:10:00 秒，如图 8-2 所示。

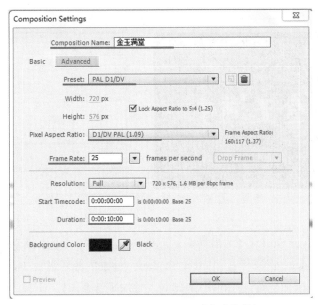

图8-2 Composition Setting（合成设置）

STEP|03 单击【OK】按钮，在Project（项目）工程面板中将出现一个名为"金玉满堂"的合成层，同时在Timeline（时间线）中也出现了"金玉满堂"的字样，如图8-3所示。

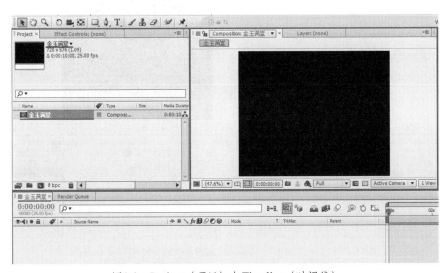

图8-3 Project（项目）与Timeline（时间线）

STEP|04 输入文字，执行菜单栏中的Layer（层）|New（新建）|Text（文字层）命令或者单击工具栏 T 图标，如图8-4所示。

图8-4 工具栏图标

STEP|05 创建"金玉满堂"文字层，设置字体为"叶根友特色简体升级版"，字号大小为112px，颜色为白色。如图8-5所示。

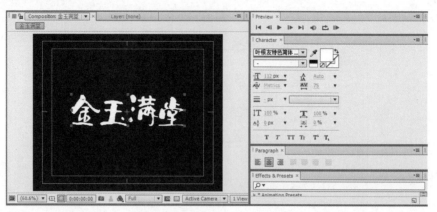

图8-5 创建文字"金玉满堂"

STEP 06 添加层 Layer Styles（图层样式）属性，单击选择"金玉满堂"文字层，执行菜单 Layer（层）| Layer Styles（图层样式）| Inner Shadow（添加内部阴影）、Bevel and Emboss（添加斜面和浮雕）、Satin（添加光泽）、Color Overlay（添加颜色叠加）、Gradient Overlay（添加渐变叠加）命令。如图 8-6 所示。

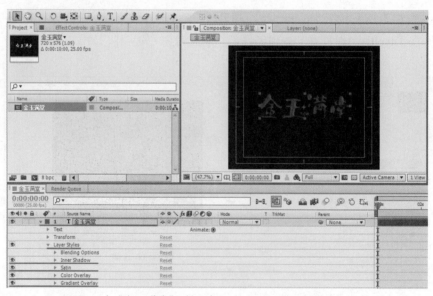

图8-6 为"金玉满堂"层添加Layer Styles（图层样式）属性

STEP 07 展开 Color Overlay（颜色叠加）选项，设置 Color（颜色）为白色。其他选项参数保持不变。如图 8-7 所示。

> 提示　Layer Styles（图层样式）与 Photoshop 相类似，在 After Effects 中也可为层添加诸如阴影、外发光、内发光、轮廓等图层样式。其各项参数含义如下：
> - Convert to Editable Styles：转换为可编辑样式。
> - Show All：在时间线中显示出所有的样式选项。
> - Remove All：删除所有的样式选项。
> - Drop Shadow：添加外部阴影效果。

- Inner Shadow：添加内部阴影效果。
- Outer Glow：添加外部辉光效果。
- Inner Glow：添加内部辉光效果。
- Bevel and Emboss：添加斜面和浮雕效果。
- Satin：添加光泽效果。
- Color Overlay：添加颜色叠加效果。
- Gradient Overlay：添加渐变叠加效果。
- Stroke：添加描边效果。

图8-7 设置Color Overlay（颜色叠加）相关参数

STEP|08 增加调节层特效，主要用来调整画面层次感，执行菜单 Layer（层）|New（新建）|Adjustment Layer（调节层）命令，新建一个调节层，并重命名为"文字调节层"。如图 8-8 所示。

图8-8 新建一个调节层并且重命名为"文字调节层"

> **提示** Adjustment Layer（调节层）并不显示在合成画面中，主要用来添加特效来影响其他层的效果，针对其他图层进行效果调节的作用。

STEP|09 为"文字调节层"添加Curves（曲线）效果。选择"文字调节层"，执行菜单栏中的Effect（特效）| Color Correction（色彩校正）| Curves（曲线）命令，这时在Effects Controls（特效控制）面板上会看到Curves（曲线）特效已经添加到"文字调节层"之上，具体参数设置如图8-9所示。

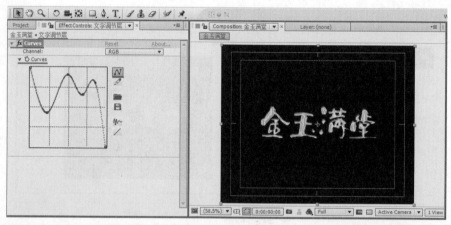

图8-9 为"文字调节层"添加Curves（曲线）特效

> **提示** Curves（曲线）特效可以通过调整曲线的弯曲度或复杂程度来调整图像的亮区和暗区的分布情况。关于Curves（曲线）的各项参数含义如下：
> - Channel（通道）：从其右侧的下拉列表中选择图像的颜色通道。
> - （曲线工具）：可在其左侧的控制区域内单击添加控制点，将控制点拖动至控制区之外，即可删除所选控制点，通过对控制点的调整可以改变图像亮区和暗区的分布效果。
> - （铅笔工具）：可在其左侧的控制区域内单击进行拖动，手动绘制一条曲线来控制图像的亮区和暗区效果。
> - （打开）：单击该按钮，可以选择预先存储的曲线文件来调整画面的效果。
> - （存储）：保存调整好的曲线，以便以后再次使用。
> - （平滑）：单击该按钮，可以对设置的曲线进行平滑操作，多次单击后可使曲线恢复原预置效果。
> - （直线）：单击该按钮，可以使已调整的曲线变为初始的直线效果。

STEP|10 将"文字调节层"与"金玉满堂"文字层做嵌套合成。依次将上述两个层选择，执行菜单栏中的Layer（层）| Pre-compose（预合成）命令，在弹出的属性框中设置New composition name（新合成名称）为"金玉满堂文字合成层"，选择Move all attributes in to the new composition（将所有物体的属性转移到新合成中），单击【OK】键确定。如图 8-10所示。

图8-10 将"文字调节层"与"金玉满堂"文字层做嵌套合成

STEP 11 为新合成的"金玉满堂文字合成层"添加Glow（发光）效果，执行菜单栏中的Effect（滤镜）| Stylize（风格化）| Glow（发光）命令，这时在Effects Controls（特效控制）面板上会看到 | Glow（发光）特效已经添加到"金玉满堂文字合成层"之上。如图8-11所示。

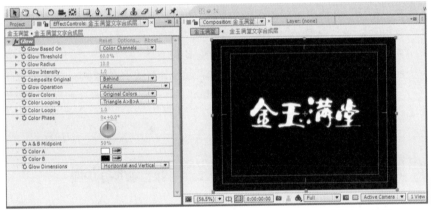

图8-11 为新合成的"金玉满堂文字合成层"添加Glow（发光）效果

STEP 12 将Glow（发光）特效的参数设置保持不变，再复制出一层Glow（发光）效果，执行快捷键【Ctrl+D】，可以在特效控制面板看到复制的"Glow2"特效，同样保持"Glow2"特效参数不变。如图8-12所示。

图8-12 复制出一层Glow2（发光）效果

> **提示** Glow（发光）特效在平时工作中应用非常广泛，主要用来模拟物体的发光效果，其各项参数含义如下：
> - Glow Based On（发光建立在）：用于选择发光建立的位置，包含 Alpha Channel（Alpha 通道）和 Color Channels（颜色通道）两个选项。
> - Glow Threshold（发光阈值）：用于设置产生发光的最大值，值越大，发光面积就越大。
> - Glow Radius（发光半径）：用于设置发光的半径大小。
> - Glow Intensity（发光强度）：用于设置发光的强度。
> - Composite Original（原图合成）：用于设置发光与原图像的合成方式。
> - Glow Operation（发光运算）：用于设置发光与原图像的混合模式。
> - Glow Colors（发光颜色）：用于设置发光的颜色。
> - Color Looping（发光循环）：用于设置发光颜色的循环方式。
> - Color Loops（颜色循环）：用于设置发光颜色的循环次数。
> - Color Phase（颜色相位）：用于设置发光颜色的位置。
> - A&B Midpoint（A&B 中心点）：用于设置 A 和 B 两用颜色的中心点位置。
> - Color A（颜色 A）：用于设置颜色 A 的色值。
> - Color B（颜色 B）：用于设置颜色 B 的色值。
> - Glow Dimensions（发光维度）：用于设置发光的方式，包含 Horizontal and Vertical（水平和垂直）、Horizontal（水平）、Vertical（垂直）三个选项。

8.2 为"金玉满堂文字合成层"创建蒙版动画

STEP 01 新建 Solid（固态层），执行菜单栏中的 Layer（层）|New（新建）|Solid（固态层）命令，在弹出的对话窗口中设置 Name（名称）为"白色蒙版层"，设置 Solid Color（固态层颜色）为白色。单击【OK】键确定。如图 8-13 所示。

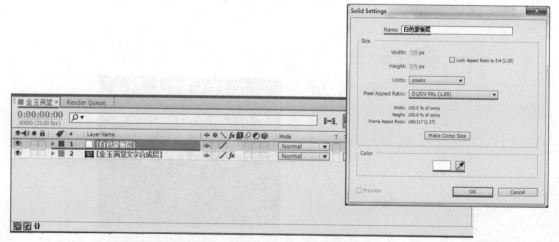

图 8-13 新建白色 Solid（固态层）

STEP 02 调整"白色蒙版层"蒙版形状，在时间线上单击"白色蒙版层"，选择工具栏中 图标，为其添加椭圆形 Mask 蒙版特效，并调整其形状大小，如图 8-14 所示。

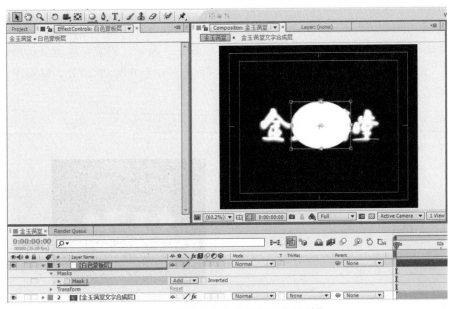

图 8-14 调整"白色蒙版层"蒙版形状

STEP 03 在时间线上单击选择"白色蒙版层"，展开 MASK 蒙版属性选项，设置 Mask Feather（蒙版羽化）值为 366.0、366.0 Pixels，其他参数保持不变。如图 8-15 所示。

图 8-15 设置"白色蒙版层"蒙版羽化值参数

STEP 04 制作"白色蒙版层"位移动画，用来模拟"金玉满堂文字合成层"波纹流动效果。展开"白色蒙版层"属性选项，将游标设置在 0:00:00:00 处，单击打开 Mask Path（蒙版路径）

动画码表 图标，参数设置如图8-16所示。将游标移动至0:00:02:00处，Mask Path（蒙版路径）参数设置如图8-17所示。将游标移动至0:00:03:00处，Mask Path（蒙版路径）参数设置如图8-18所示；将游标移动至0:00:04:00处，Mask Path（蒙版路径）参数设置如图8-19所示；将游标移动至0:00:06:00处，Mask Path（蒙版路径）参数设置如图8-20所示；将游标移动至0:00:07:00处，Mask Path（蒙版路径）参数设置如图8-21所示；将游标移动至0:00:08:00处，Mask Path（蒙版路径）参数设置如图8-22所示；将游标移动至0:00:09:24处，Mask Path（蒙版路径）参数设置如图8-23所示。

图8-16 "白色蒙版层"在0:00:00:00处蒙版位置参数设置

图8-17 "白色蒙版层"在0:00:02:00处蒙版位置参数设置

图8-18 "白色蒙版层"在0:00:03:00处蒙版位置参数设置

图8-19 "白色蒙版层"在0:00:04:00处蒙版位置参数设置

图8-20 "白色蒙版层"在0:00:06:00处蒙版位置参数设置

图8-21 "白色蒙版层"在0:00:07:00处蒙版位置参数设置

图8-22 "白色蒙版层"在0:00:08:00处蒙版位置参数设置

图8-23 "白色蒙版层"在0:00:09:24处蒙版位置参数设置

STEP|05 为"金玉满堂文字合成层"添加 Track Matte（轨迹蒙版），在时间线上单击选择"金玉满堂文字合成层"，在其右侧 Track Matte 下拉列表中选择 Luma Matte"[白色蒙版层]"选项，会发现"白色蒙版层"变为了隐藏层，画面效果也随之发生了改变。如图 8-24 所示。

图8-24 为"金玉满堂文字合成层"添加Track Matte（轨迹蒙版）

 提示　After Effects 的蒙版应用一直是很多人认为学习中的一个难点，其实只要理解得当，应用起来会十分方便快捷。在 After Effects 的时间线编辑应用中，可以把一个图层上方的素材层作为透明的 Matte（蒙版图层），可以使用任何素材片段或静止图像作为 Track Matte（轨迹蒙版）图层。下面的素材层将其上面的素材层作为轨迹蒙版图层，而自己则变为填充层，上面的素材图层显示特征为自动隐藏。当作为 Track Matte（轨迹蒙版）图层被自动隐藏时，通过轨迹蒙版图层的 Alpha 通道就可以显示背景层了。

Track Matte（轨迹蒙版）图层各项参数含义如下：

● No Track Matte：不使用轨迹蒙版，不产生透明效果，上面的图层被当做普通图层。
● Alpha Matte：使用蒙版图层的 Alpha 通道，当 Alpha 通道的像素值为 100% 时，该图层不透明。
- Alpha Inverted Matte：使用蒙版图层反转 Alpha 通道，当 Alpha 通道的像素值为 0% 时，该图层不透明。
- Luma Matte：是以下面的图层为源，用上面图层的亮度信息做选区。使用蒙版的亮度值，当像素值为 100% 时，该图层不透明。
- Luma Inverted Matte：使用蒙版图层的反转亮度值，当像素的亮度值为 0% 时，该图层不透明。

STEP 06 在时间线上单击选择"金玉满堂文字合成层"，执行快捷键【CTRL+D】将其复制出一层，并且重命名为"金玉满堂文字合成层1"。调整其位置在时间线最顶层，在特效控制面板上将"Glow"、"Glow2"两组特效属性隐藏，如图 8-25 所示。

图8-25　复制"金玉满堂文字合成层1"并设置相关特效属性

STEP 07 新建 Solid（固态层），执行菜单栏中的 Layer（层）| New（新建）| Solid（固态层）命令，在弹出的对话窗口中设置 Name（名称）为"白色蒙版层1"，设置 Solid Color（固态层颜色）为白色。单击【OK】键确定。如图 8-26 所示。

STEP 08 在时间线上单击选择"白色蒙版层1"，为其添加 Fractal Noise（分形噪波）特效，执行菜单栏中的 Effect（特效）|Noise&Grain（噪波和杂点）| Fractal Noise（分形噪波）命令，这时在 Effects Controls（特效控制）面板上可以看到 Fractal Noise

图8-26　新建Solid（固态层）"白色蒙版层1"

（分形噪波）已经添加到"白色蒙版层1"之上。如图8-27所示。

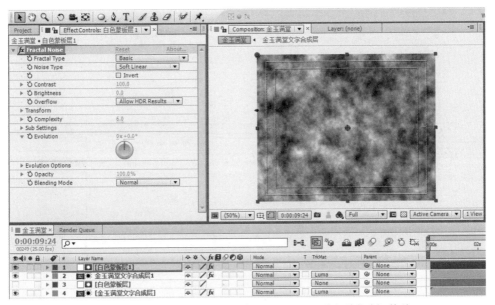

图8-27 为"白色蒙版层1"添加Fractal Noise（分形噪波）特效

STEP 09 设置 Fractal Noise（分形噪波）特效的相关参数，首先设置 Contrast（对比度）值为 200.0，设置 Brightness（亮度）值为 50.0。如图 8-28 所示。

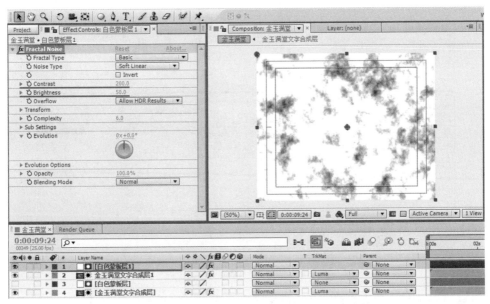

图8-28 设置Fractal Noise（分形噪波）相关参数

STEP 10 设置 Fractal Noise（分形噪波）下 Evolution（进化）参数动画，将游标设置在 0:00:00:00 处，打开 Evolution（进化）关键帧码表，设置 Evolution（进化）值为 0x、0.0°，如图 8-29 所示；将游标移动至 0:00:09:24 处，设置 Evolution（进化）值为 5x、0.0°。如图 8-30 所示。

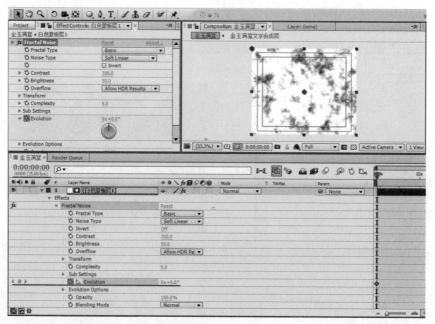

图8-29　设置0:00:00:00处Evolution（进化）关键帧

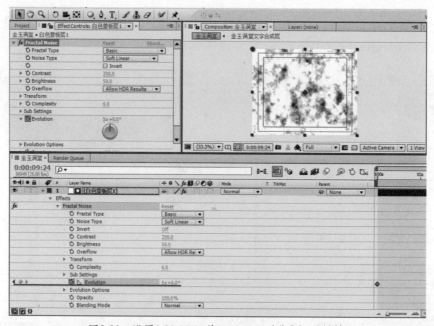

图8-30　设置0:00:09:24处Evolution（进化）关键帧

STEP 11　在时间线上单击选择"金玉满堂文字合成层1"，执行快捷键【Ctrl+D】将其再复制出一层，系统会自动重命名为"金玉满堂文字合成层2"。调整其层位置在时间线最顶层，如图8-31所示。

STEP 12　在时间线上单击选择"白色蒙版层1"，调整 Mode（混合模式）为 Multiply（正片叠底），同时在其右侧 Track Matte 下拉列表中选择 Luma Matte "金玉满堂文字合成层2"选项，会发现"金玉满堂文字合成层2"变为了隐藏层，画面效果也随之发生了改变。如图8-32所示。

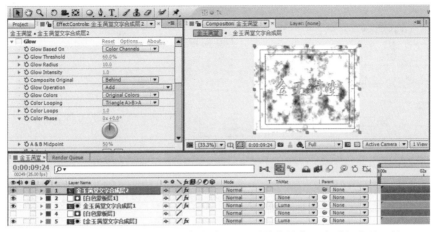

图 8-31　复制出"金玉满堂文字合成层2"调整其层位置在时间线最顶层

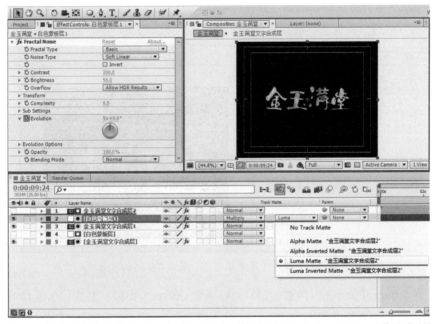

图 8-32　调整"白色蒙版层1"Blending Mode（混合模式）与 Track Matte（轨迹蒙版）

> **提示** Blending Mode（混合模式）的选择决定当前层的图像与其下面层图像之间的混合形式，是制作图像效果的最简洁、最有效的方法之一。关于 Multiply（正片叠底）模式含义，Multiply（正片叠底）将底色与层颜色相乘，形成一种光线透过两张叠在一起的幻灯片效果，结果呈现出一种较暗的效果。任何颜色与黑色相乘得到黑色，与白色相乘则保持不变。

STEP 13 "金玉满堂文字合成层"蒙版动画效果制作完毕。为便于管理将其所有层做嵌套合成，配合键盘【Shift】键，在时间线上依次选择 5 个层，执行菜单栏中的 Layer（层）| Pre-compose（预合成）命令，在弹出的属性框中设置 New composition name（新合成名称）为"金玉满堂文字蒙版动画"，选择 Move all attributes in to the new composition（将所有物体的属性转移到新合成中），单击【OK】键确定。如图 8-33 所示。

图8-33 将时间线上所有素材做嵌套合成"金玉满堂文字蒙版动画"新层

8.3 为"金玉满堂文字蒙版动画"层添加金属材质效果

STEP 01 在时间线上单击选择"金玉满堂文字蒙版动画"层,执行菜单栏中的Effect(特效)| Color Correction(色彩校正)| Curves(曲线)命令,这时在Effects Controls(特效控制)面板上会看到Curves(曲线)特效已经添加到"金玉满堂文字蒙版动画"层之上。如图8-34所示。

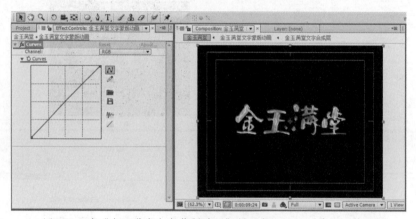

图8-34 为"金玉满堂文字蒙版动画"层添加Curves(曲线)特效

STEP 02 在Effects Controls(特效控制)面板调整Curves(曲线)参数,单击Curves(曲线)特效中的 图标,调取提前预设的"Curves预置特效",如图8-35所示;在单击应用之后画面颜色也随之发生了改变。如图8-36所示。

图8-35 调取提前预设的"Curves预置特效"

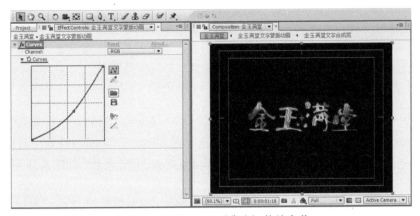

图8-36　调整Curves（曲线）特效参数

STEP 03 在时间线上执行快捷键【CTRL+D】将"金玉满堂文字蒙版动画"复制出一层，并重名为"金玉满堂文字蒙版动画1"，如图8-37所示。

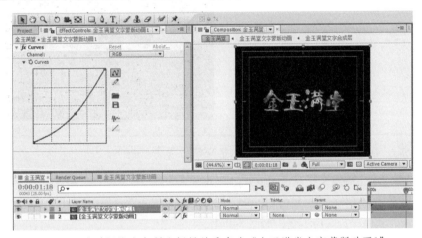

图8-37　在时间线上复制出新层并重名为"金玉满堂文字蒙版动画1"

STEP 04 在时间线上单击选择"金玉满堂文字蒙版动画1"层，进入Effects Controls（特效控制）面板，单击Curves（曲线）特效中的图标，调取提前预设的"Curves预置特效1"，调整Curves（曲线）特效参数，如图8-38所示。

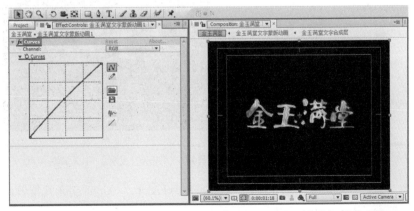

图8-38　调整"金玉满堂文字蒙版动画1"层Curves（曲线）特效参数

> **提示** 通过上面的特效调用操作，可以发现在平时工作中，经常会遇到在不同项目文件中应用同一特效的情况，如重复制作势必会影响工作效率，可以将事先做好的一些图层特效提前保存，建立一个自己的特效库，可以随调随用。

STEP 05 为"金玉满堂文字蒙版动画1"层添加Glow（发光）特效，执行菜单栏中的Effect（滤镜）| Stylize（风格化）| Glow（发光）命令，这时在Effects Controls（特效控制）面板上会看到Glow（发光）特效已经添加到"金玉满堂文字蒙版动画1"层之上。如图8-39所示。

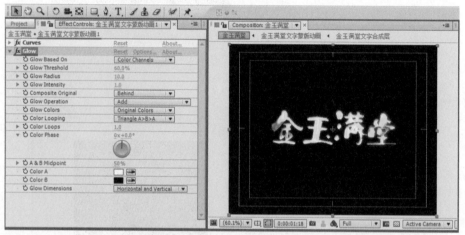

图8-39 为"金玉满堂文字蒙版动画1"层添加Glow（发光）特效

STEP 06 设置"金玉满堂文字蒙版动画1"层Glow（发光）特效的相关参数，将Glow Threshold（发光阈值）设置为76.5%；将Glow Radius（发光半径）设置为6.0；将Glow Intensity（发光强度）设置为0.8，其他参数保持不变，如图8-40所示。

图8-40 设置"金玉满堂文字蒙版动画1"层Glow（发光）特效相关参数

STEP 07 为"金玉满堂文字蒙版动画1"层添加Bevel Alpha（Alpha斜角）特效，执行菜单栏中的Effect（特效）| Perspective（透视）| Bevel Alpha（Alpha斜角）命令，设置Edge Thickness

（边缘厚度）值为 2.20；设置 Light Angle（光源角度）值为 0x+ -60.0°；设置 Light Intensity（光照强度）值为 0.42。如图 8-41 所示。

图8-41　添加Bevel Alpha（Alpha斜角）特效

STEP 08 在时间线上将"金玉满堂文字蒙版动画"层与"金玉满堂文字蒙版动画1"层做嵌套合成。执行菜单栏中的 Layer（层）| Pre-compose（预合成）命令，在弹出的属性框中设置 New composition name（新合成名称）为"金玉满堂文字动画"，选择 Move all attributes in to the new composition（将所有物体的属性转移到新合成中），单击【OK】键确定。如图 8-42 所示。

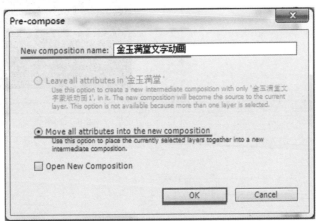

图8-42　将"金玉满堂文字蒙版动画"层与"金玉满堂文字蒙版动画1"层做嵌套合成

STEP 09 为"金玉满堂文字动画"层做入屏动画，展开"金玉满堂文字动画"层参数选项，首先单击开启运动模糊按钮 与三维属性按钮 ，将游标设置在 0:00:00:00 处，分别打开 Scale（缩放）、X Rotation（X轴旋转）、Opacity（不透明度）关键帧码表 ，设置 Scale（缩放）值为 883.0，设置 X Rotation（X轴旋转）值为 0x+180.0º，设置 Opacity（不透明度）值为 0%，其他参数不变。如图 8-43 所示。

STEP 10 将游标移动至 0:00:01:01 处，设置 Scale（缩放）值为 100.0、X Rotation（X轴旋转）

值为0x+0.0°，设置Opacity（不透明度）值为100%。如图8-44所示。

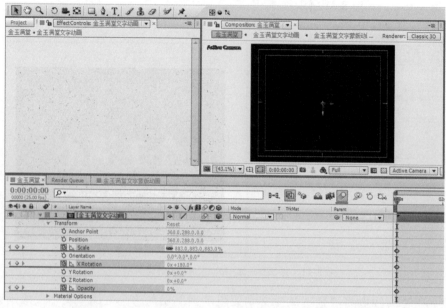

图8-43　设置0:00:00:00处"金玉满堂文字动画"层动画参数

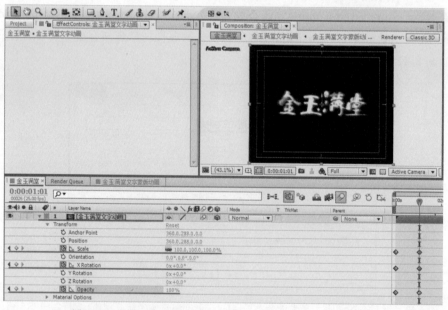

图8-44　设置0:00:01:01处"金玉满堂文字动画"层动画参数

8.4 制作画面动态背景

STEP 01 创建背景层，执行菜单栏中的Layer（层）| New（新建）| Solid（固态层）命令，在弹出的对话窗口中设置Name（名称）为"背景层"，设置Solid Color（固态层颜色）为黑色。单击【OK】键确定。如图8-45所示。

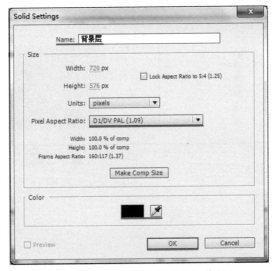

图8-45 创建Solid（固态层）背景

STEP 02 为"背景层"添加渐变效果，执行菜单栏中的Effect（滤镜）| Generate（生成）| 4-Color Gradient（四色渐变）命令，这时在Effects Controls（特效控制）面板上会看到4-Color Gradient（四色渐变）特效已经添加到"背景层"之上。同时在画面上也可以直观地看到添加4-Color Gradient（四色渐变）特效之后的简单效果。如图8-46所示。

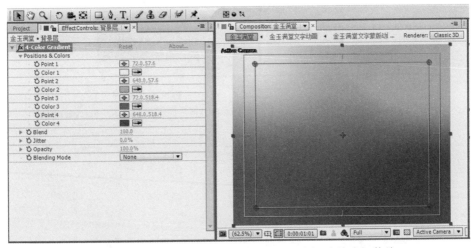

图8-46 为"背景层"添加4-Color Gradient（四色渐变）特效

STEP 03 指定4-Color Gradient（四色渐变）特效的渐变颜色及设置颜色渐变动画，将游标移动至 0:00:02:11 处，依次单击Point1、Point2、Point3、Point4码表 图标准备设置动画。如图8-47所示。

STEP 04 将游标移动至 0:00:02:11 处，设置 Point1 位置为 -8.2、-7.4，颜色值为"R：244、G：240、B：126"；设置 Point2 位置为 607.1、-12.4，颜色值为"R：223、G：187、B：17"；设置 Point3 位置为 -12.3、497.4，颜色值为"R：184、G：120、B：7"；设置 Point4 位置为 603.0、494.4，颜色值为"R：123、G：60、B：3"，其他参数不变。如图8-48所示。

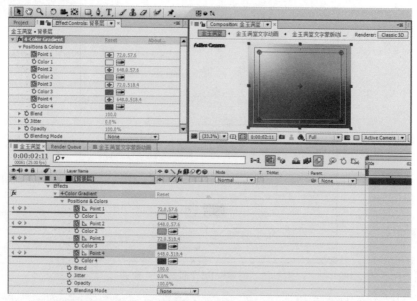

图8-47　依次单击打开Point1、Point2、Point3、Point4码表图标

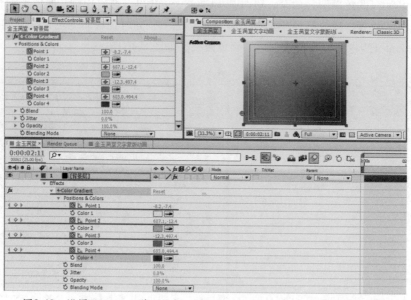

图8-48　设置0:00:02:11处Point1、Point2、Point3、Point4位置及颜色动画

STEP|05　将游标移动至0:00:04:23处，设置Point1位置为218.4、292.4，颜色值为"R：244、G：240、B：126"；设置Point2位置为425.3、226.4，颜色值为"R：223、G：187、B：17"；设置Point3位置为326.6、129.6，颜色值为"R：184、G：120、B：7"；设置Point4位置为326.6、395.1，颜色值为"R：123、G：60、B：3"，其他参数不变。如图8-49所示。

STEP|06　将游标移动至0:00:07:11处，设置Point1位置为600.5、503.6，颜色值为"R：244、G：240、B：126"；设置Point2位置为-15.6、500.6，颜色值为"R：223、G：187、B：17"；设置Point3位置为612.1、-15.6，颜色值为"R：184、G：120、B：7"；设置Point4位置为-9.9、-15.6，颜色值为"R：123、G：60、B：3"，其他参数不变。如图8-50所示。

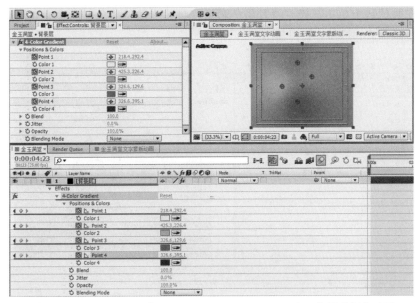

图8-49　设置0:00:04:23处Point1、Point2、Point3、Point4位置及颜色动画

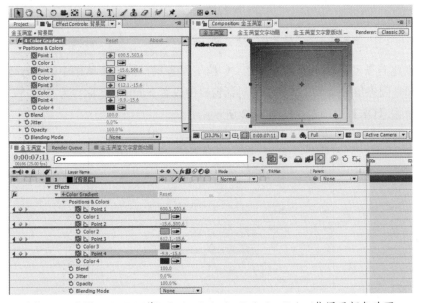

图8-50　设置0:00:07:11处Point1、Point2、Point3、Point4位置及颜色动画

4-Color Gradient（四色渐变）位于Generate（生成）特效组当中，主要用来制作渐变效果，可以模拟霓虹灯，流光溢彩等迷幻的效果。其各项参数含义如下：

- Positions & Colors（位置和颜色）：用于设置4种颜色的中心点和各自的颜色。
- Blend（融合度）：用于设置4种颜色间的融合度。
- Jitter（抖动）：用于设置各种颜色的杂点效果，数值越大，产生杂点颗粒越多。
- Opacity（不透明度）：用于设置4种颜色的不透明程度。
- Blending Mode（混合模式）：用于设置渐变色与原图像间的叠加模式。在其右侧下拉菜单中可以单击选择，使用方法与层的混合模式相同。

STEP 07 在时间线上单击选择"背景层"素材，将其拖动至"金玉满堂文字动画"层之下，可以看到背景添加后的最终效果。如图8-51所示。

图8-51 将"背景层"拖动至"金玉满堂文字动画"层之下

STEP 08 创建背景动态粒子效果，建立CC粒子固态层，执行菜单栏中的Layer（层）|New（新建）|Solid（固态层）命令，在弹出的对话窗口中设置Name（名称）为"CC粒子"，颜色设置为白色，单击【OK】键确定。如图8-52所示。

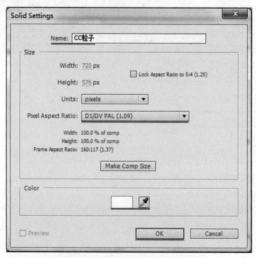

图8-52 建立CC粒子固态层

STEP 09 添加CC粒子特效，在时间线上选择"CC粒子"层，执行菜单栏中的Effect（滤镜）| Simulation（模拟）|CC Particle World（CC粒子模拟世界）命令，这时在Effects Controls（特效控制）面板上可以看到CC Particle World插件已经添加到"CC粒子"之上。在合成视窗中也会看到画面中产生了一个虚拟的三维场景。如图8-53所示。

图8-53　添加CC Particle World（CC粒子模拟世界）特效

STEP 10 进入特效控制面板中设置Birth Rate（出生率）为15.9，其他参数不变。如图8-54所示。

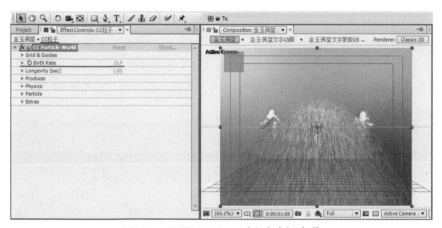

图8-54　设置Birth Rate（出生率）参数

STEP 11 在特效控制面板中设置Producer（发生器）中的Radius X（X轴半径）值为0.575；Radius Y（Y轴半径）值为0.795；Radius Z（Z轴半径）值为1.325。如图8-55所示。

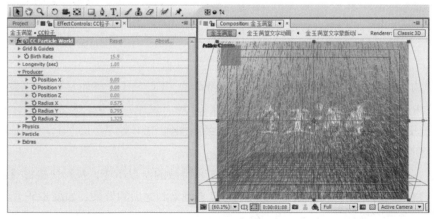

图8-55　设置Producer（发生器）中的Radius X、Y、Z参数

STEP 12 在特效控制面板中设置Physics（物理学）中的Velocity（速度）值为1.39；设置Gravity（重力）值为0.000，其他参数不变。如图8-56所示。

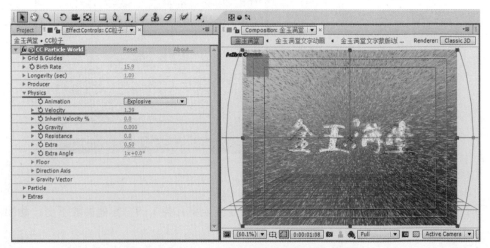

图8-56 设置Physics（物理学）中的相关参数

STEP 13 在特效控制面板上设置Particle（粒子）下的特效参数，设置Particle Type（粒子类型）为Lens Convex（凸透镜），Birth Size（产生大小）值为0.000，Death Size（消失大小）值为0.073，Max Opacity（最大不透明度）值为30%，其他参数不变。如图8-57所示。

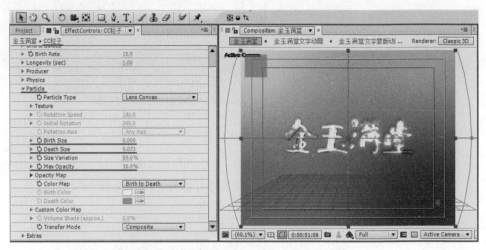

图8-57 设置Particle（粒子）下特效参数

STEP 14 为了使粒子的发光效果更加明显些，继续为"CC粒子"层加入Glow（发光）特效，执行菜单栏中的Effect（滤镜）|Stylize（风格化）|Glow（发光）命令，这时在Effects Controls（特效控制）面板上会看到Glow（发光）插件已经添加到"CC粒子"层之上，并且会直观地看到"CC粒子"层明亮了许多。如图8-58所示。

STEP 15 在特效控制面板中，保持Glow（发光）特效的参数不变，执行快捷键【CTRL+D】再复制出一层"Glow2"特效，在合成窗口中可以看到复制之后的效果。如图8-59所示。

STEP 16 调整"CC粒子"层位置到"金玉满堂文字动画"层下方，如图8-60所示。

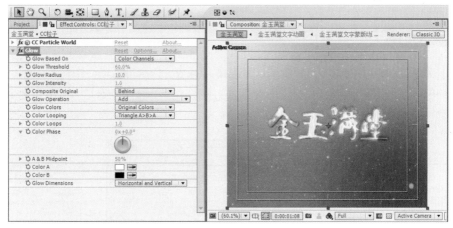

图8-58　为"CC粒子"层加入Glow（发光）特效

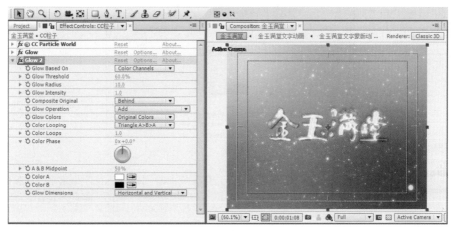

图8-59　在特效控制面板中复制出"Glow2"特效

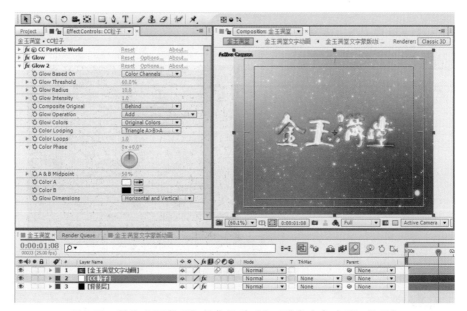

图8-60　调整"CC粒子"层位置到"金玉满堂文字动画"层下方

8.5 制作镜头光晕效果

STEP 01 为画面继续添加镜头光晕效果。首先建立固态层，执行菜单栏中的 Layer（层）|New（新建）|Solid（固态层）命令，在弹出的对话窗口中设置 Name（名称）为"镜头光晕层"，颜色设置为黑色，单击【OK】键确定。如图 8-61 所示。

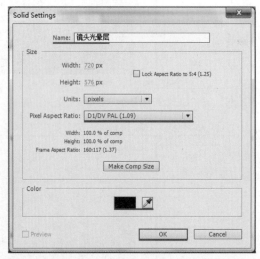

图8-61 新建固态层"镜头光晕层"

STEP 02 添加镜头光晕特效。执行菜单栏中的 Effect（滤镜）|Generate（生成）| Lens Flare（镜头光晕），这时在 Effects Controls（特效控制）面板上会看到 Lens Flare（镜头光晕）特效已经添加到"镜头光晕层"之上。同时在合成窗口上也可以看到添加 Lens Flare（镜头光晕）后的直观效果。如图 8-62 所示。

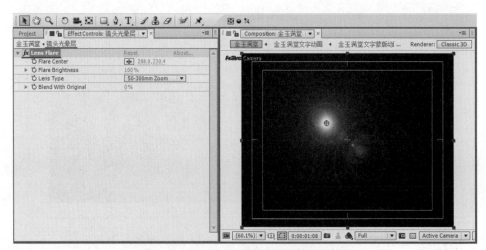

图8-62 添加Lens Flare（镜头光晕）特效

STEP 03 调整"镜头光晕层"的 Mode（混合模式），选择时间线"镜头光晕层"，调整 Mode（混合模式）为 Screen（屏幕），在合成窗口可以得到光晕合成的最终效果。如图 8-63 所示。

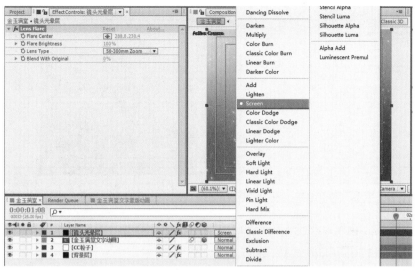

图8-63　调整"光晕固态层"的 Mode（混合模式）为Screen（屏幕）

> **提示**　Blending Mode（混合模式）的选择决定当前层的图像与其下面层图像之间的混合形式，是制作图像效果的最简洁、最有效的方法之一。Screen（屏幕）将图像下一层的颜色与当前层颜色结合起来，产生比两种颜色都浅的第三种颜色，并将当前层的互补色与下一层颜色相乘，得到较亮的颜色效果。

STEP 04 制作 Lens Flare（镜头光晕）动画效果。展开 Lens Flare（镜头光晕）特效选项，在时间线上将游标拖动至 0:00:01:01 处，单击码表 图标并设置关键帧，设置 Flare Center（光晕中心）值为 -607.0、234.4，其他参数不变。如图 8-64 所示。

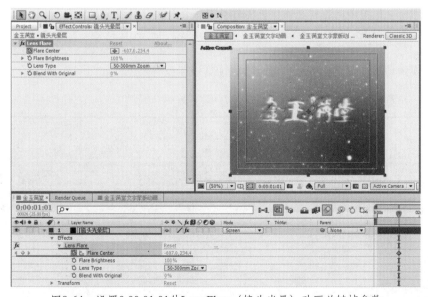

图8-64　设置0:00:01:01处Lens Flare（镜头光晕）动画关键帧参数

STEP 05 制作 Lens Flare（镜头光晕）动画效果，在时间线上将游标移动至 0:00:02:05 处，设置 Flare Center（光晕中心）值为 768.0、234.4，其他参数不变。如图 8-65 所示。

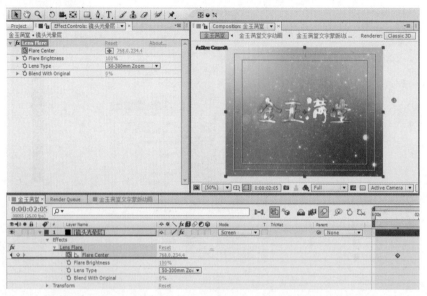

图8-65　设置0:00:02:05处Lens Flare（镜头光晕）动画关键帧参数

> **提示**　Lens Flare（镜头光晕）特效主要用来模拟强光照射镜头，从而在图像画面上产生光晕的效果，通常也叫做镜头光斑效果。其各项参数含义如下：
> - Flare Center（光晕中心）：主要用于设置光晕发光点的中心位置。
> - Flare Brightness（光晕亮度）：主要用于设置光晕的亮度。
> - Lens Type（镜头类型）：主要用于选择需要模拟镜头的类型，在其右侧下拉列表中有3种焦距可供选择：50-300mm Zoom是产生光晕并模仿太阳光的效果，35mm Prime是只产生强烈的光，但是没有光晕效果；105mm Prime是指产生的光更强，但同样没有光晕效果。
> - Blend With Original（混合原图）：主要用于设置光晕与原图像的混合百分比。

STEP 06　视频动画设置部分结束，可以生成预览视频观看效果。如图8-66所示。

图8-66　生成预览视频效果

8.6 添加声音合成渲染输出

STEP 01 导入本章音频文件，执行菜单栏中的 File（文件）|Import（导入）|File（文件）命令，选择"第八章音乐"素材，单击打开并将其拖至时间线上。选择小键盘【0键】生成预览效果。如图 8-67 所示。

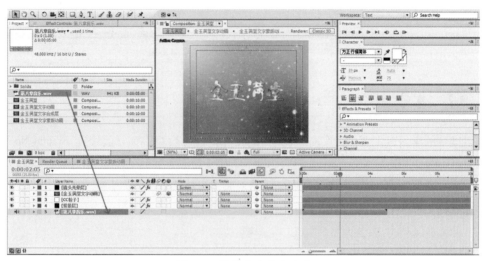

图 8-67　导入本章音频文件

STEP 02 合成完毕，渲染 Targa 序列帧输出。执行菜单栏中的 Composition（合成）|Add to Render Queue（添加到渲染队列）命令。Output Module Settings（输出模块设置）如图 8-68 所示。

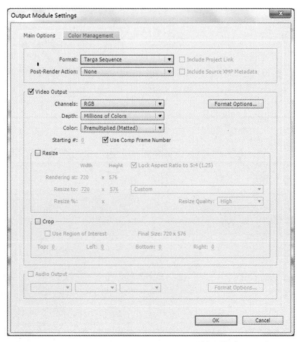

图 8-68　Output Module Settings（输出模块设置）

STEP 03 单击【Render】按钮最终渲染输出。如图8-69所示。

图8-69　单击【Render】按钮最终渲染输出

本章小结

通过本章的学习，主要使大家对After Effects的内置特效Curves（曲线）、Fractal Noise（分形噪波）、Glow（发光）、CC Particle World（CC粒子仿真世界）、Bevel Alpha（Alpha斜角）、Lens Flare（镜头光晕）、蒙版特效等组合运用来制作出最终合成效果，本章的重点在于文字材质及背景制作，而非画面动画的深入运用。

Chapter 09

吉林教育电视台

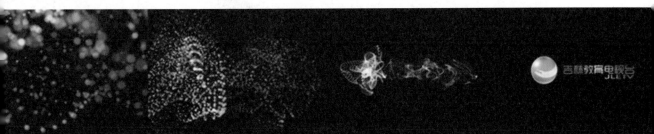

本章学习重点

- Trapcode Particular 插件应用
- Camera（摄影机）的使用原理
- CC Light Sweep（CC 扫光）应用

制作思路

"JLETV 台标演绎"实例主要通过 Trapcode Particular 插件的应用产生离子聚合的演绎动画,其中 Trapcode Particular 的 Physics(物理学)部分是本实例的关键,加上 Camera(摄影机)的应用技巧 CC Light Sweep(CC 扫光)插件的巧妙运用,构成了本例的最终视觉效果。

9.1 导入"JLETV LOGO"素材

STEP 01 启动 After Effects CS6 软件,如图 9-1 所示。

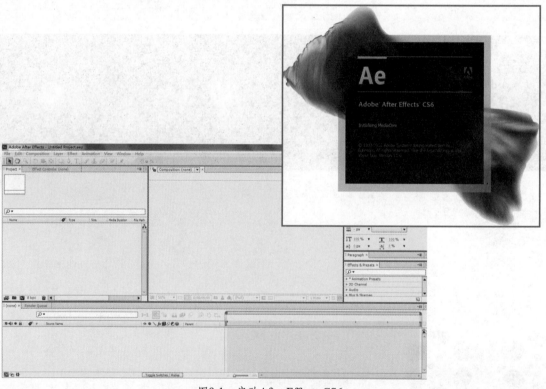

图 9-1　启动 After Effects CS6

STEP 02 执行菜单栏中的 Composition(合成)| New Composition(新建合成)命令,打开 Composition Setting(合成设置)对话框,设置 Composition Name(合成名称)为"JLETV 台标演绎",并设置 Preset(预置)为 PAL D1/DV,设置 Pixel Aspect Ratio(像素宽高比)为 PAL D1/DV (1.09),Frame Rate(帧速率)为 25,设置 Resolution(图像分辨率)为 Full,并设置 Duration(持续时间)为 0:00:10:00 秒,如图 9-2 所示。

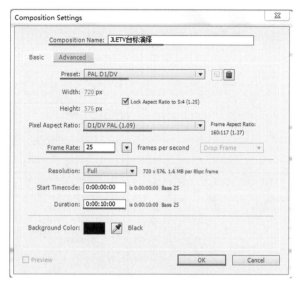

图9-2 Composition Setting（合成设置）

STEP 03 单击【OK】按钮，在Project（项目）工程面板中将出现一个名为"JLETV台标演绎"的合成层，同时在Timeline（时间线）中也出现了"JLETV台标演绎"的字样，如图9-3所示。

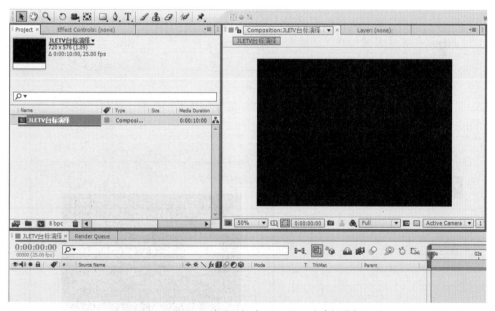

图9-3 Project（项目）与Timeline（时间线）

STEP 04 导入素材，执行菜单栏中的File（文件）|Import（导入）|File（文件）命令，或者使用快捷键【Ctrl+I】打开导入素材属性框，如图9-4所示。

STEP 05 选择"JLETV LOGO"素材，单击【打开】按钮，并在弹出的对话框中选择Import Kind（导入类型）为Composition（合成），在Layer Options（图层选项）中选择Merge Layer Styles into Footage（合并图层样式到画面），单击【OK】键确定。如图9-5所示。

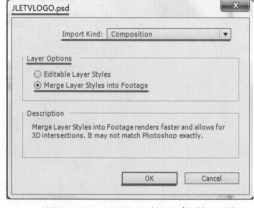

图9-4 导入素材属性框　　　　　图9-5 Import Kind（导入类型）设置

> **提示**　在Import Kind（导入类型）设置中，包含3种选项，分别为Footage（素材）、Composition（合成）、Composition-Retain Layer Sizes（裁剪层合成）。
> 选择Footage（素材）时，Layer Options（图层选项）中的两个选项均处于可用状态，选择Merged Layers（合并图层）时，导入的素材将是所有图层合并之后的效果；选择Choose Layer（选择图层）时，可以从其右侧下拉列表中选择PSD分层文件的任意图层进行素材导入。

STEP 06 在Project（项目）工程面板中单击选择"JLETV LOGO"素材拖拽至Time line（时间线）"JLETV台标演绎"合成层上，如图9-6所示。

图9-6 将"JLETV LOGO"素材拖拽至Time line（时间线）上

STEP 07 在素材合成图像窗口，可以清晰地看到"JLETV LOGO"素材，这时通过单击素材合成图像窗口中的素材透明度信息按钮可以看到此素材带有透明通道信息，如图9-7所示。

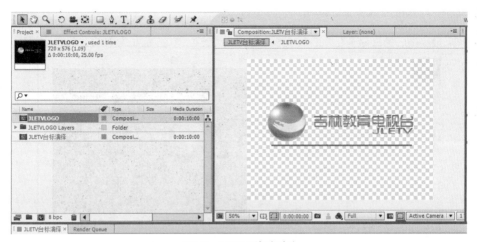

图9-7 LOGO前后对比

STEP 08 如果在此处导入圆形素材做练习时，发现素材由圆形变成椭圆形，可以在菜单栏中的 Composition（合成）| Composition Setting（合成设置）命令，打开 Composition Setting（合成设置）对话框，将 Pixel Aspect Ratio（像素宽高比）设置为 Square Pixels（方形像素），如图9-8所示。因为本例素材导入之前已经做过像素比处理，所以此处设置不做任何改变。

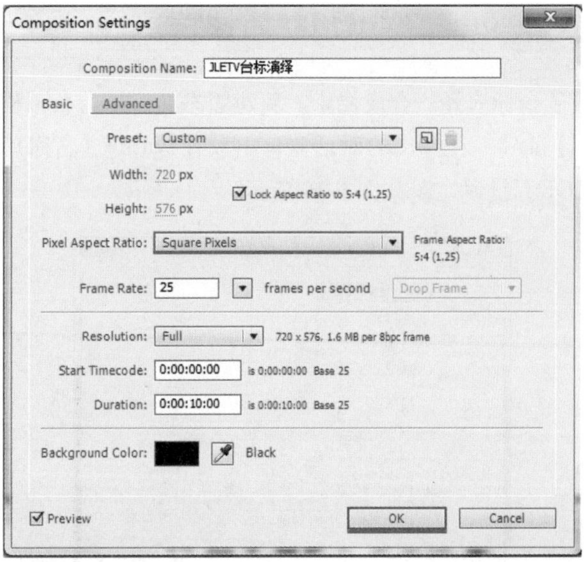

图9-8 设置Pixel Aspect Ratio（像素宽高比）为Square Pixels（方形像素）

提示　从图9-8中不难看出，在平时制作中经常会遇到类似导入图像变形的问题，适时调整图像的像素比即可使问题得到解决，需要注意的是设置的更改需要取决播出的平台，如果在PAL制电视上播出，建议在PhotoShop中提前将画面像素比调整为PAL制1.09，这样导入After Effect后就不会出现图像变形的情况了。

STEP|09 设置素材尺寸大小。在时间线上单击选择"JLETV LOGO"层，执行菜单栏中的 Layer（层）|Open Layer Source（打开层源窗口）命令，设置 Transform（转换）中的 Scale（缩放）值为70%，其他参数不变。如图9-9所示。

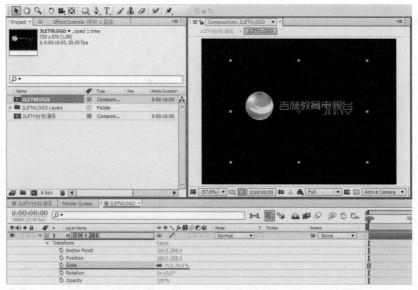

图9-9 设置Transform（转换）中的Scale（缩放）值为70%

9.2 添加Trapcode Particular插件特效

STEP|01 返回"JLETV 台标演绎"合成层中，新建固态层，执行菜单栏中的 Layer（层）|New（新建）|Solid（固态层）命令，在弹出的对话窗口中设置 Name（名称）为"粒子发射层"，设置颜色为黑色，单击【OK】键确定。如图 9-10 所示。

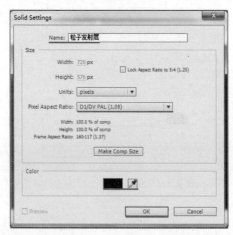

图9-10 新建Solid（固态层）"粒子发射层"

STEP|02 在添加 Trapcode Particular 插件之前，首先在时间线上打开"JLETV 台标演绎"层的三维属性选项按钮。如图 9-11 所示。

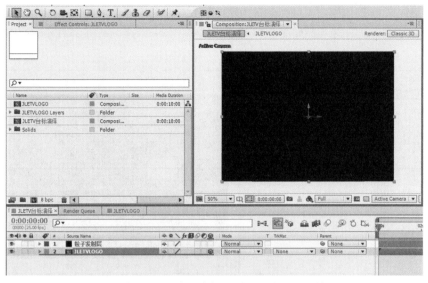

图9-11 打开"JLETV台标演绎"层的三维属性按钮

> **提示** 在时间线上的参数区打开"JLETV台标演绎"层的三维属性的目的是为接下来应用 Trapcode Particular 插件指定作为发射物体使用。参数区相关图标属性简介如图 9-12 所示。

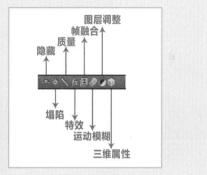

图9-12 参数区相关图标属性简介

STEP 03 为"粒子发射层"添加 Trapcode Particular 特效插件,首先单击选择"粒子发射层",然后执行菜单栏中的 Effect(特效)|Trapcode | Particular 命令。如图 9-13 所示。

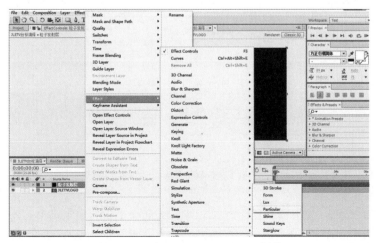

图9-13 添加 Trapcode Particular 插件

STEP|04 这时可以在 Effects Controls（特效控制）面板上看到 Trapcode Particular 特效插件已经添加到"粒子发射层"之上。如图 9-14 所示。

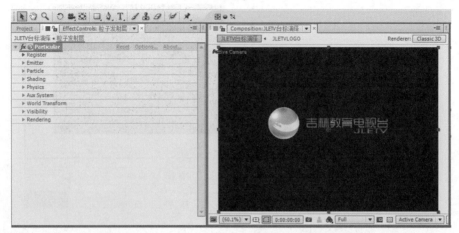

图9-14 为"粒子发射层"添加 Trapcode Particular 特效

STEP|05 通过拖动时间线上的游标可以看到粒子发射动画的简单效果。如图 9-15 所示。

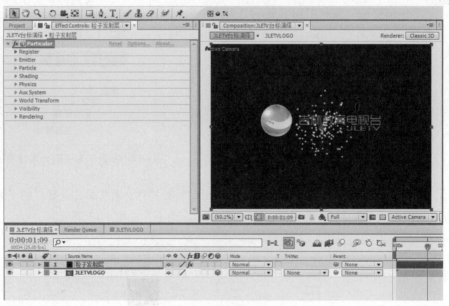

图9-15 粒子发射动画简单效果

STEP|06 返回 Effects Controls（特效控制）面板中详细设置 Trapcode Particular 插件的具体参数，使其达到想要的动画效果。

9.3 设置Trapcode Particular插件参数动画

STEP|01 展开 Emitter（发射器）属性窗口，调整 Emitter Type（发射类型）为 Layer Grid（图层网格），设置 Velocity（速率）值为 0，设置 Velocity Random[%]（随机运动）值为 0，设置

Velocity Distribution（速度分布）值为 0，设置 Velocity from Motion[%]（继承运动速度）值为 0，设置 Emitter Size Z（发射器尺寸 Z 轴）值为 0，其他参数不变。如图 9-16 所示。

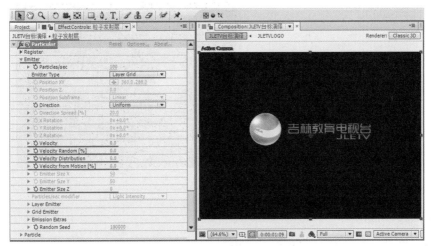

图9-16　设置 Emitter（发射器）类型、速度以及相关参数

> **提示**　设置 Emitter（发射器）的目的是使发射器保持原状态，为接下来设置 Physics（物理学）中 Tubulence Field（扰乱场）动画做准备。

STEP 02 设置 Layer Emitter（发射图层）相关参数。在 Layer（层）中选择"3.JLETVLOGO"作为发射层，在指定发射层成功之后可以在时间线上看到随机产生了一个名为 LayerEmit[JLETVLOGO]的层文件，如图 9-17 所示。

图9-17　选择发射层产生LayerEmit[JLETVLOGO]层

STEP 03 设置 Grid Emitter（网格发射）中的参数，设置 Particles in X（X 轴粒子数）值为 200，Particles in Y（Y 轴粒子数）值为 100，如图 9-18 所示。

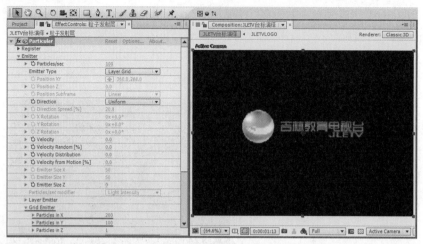

图9-18 设置Grid Emitter（网格发射）相关参数

> **提示** 在平时设计工作中Grid Emitter（网格发射）的Particles in X 与Particles in Y 参数数值设置不宜过大，因为发射粒子数量过多会导致电脑缓存负担过大，乃至严重时会导致软件崩溃退出，所以讨巧点的方法是先将参数数值设置低一些，待其他参数设置完毕之后，最后生成视频文件时再调到想要的参数数值。而且在实际工作的过程中要即时保存工程文件或打开自动存储开关，避免因突然死机造成之前的操作前功尽弃。

STEP 04 为便于更加直观地看到合成效果，首先隐藏"JLETV LOGO"层。下面设置"粒子发射层"中Particle（粒子）的参数，当在时间线上拖动游标的时候，可以发现在 0:00:03:01 帧的时候画面素材不见了，所以接下来首先需要调整粒子的生命长度，因为时间线长度为10秒，所以设置 Life[sec]（生命[秒]）值为10，同时设置 Size（尺寸）值为2，Opacity（不透明度）值为75，Opacity Random[%]（不透明度随机）值为30，Transfer Mode（混合模式）为 Screen（屏幕）。如图9-19所示。

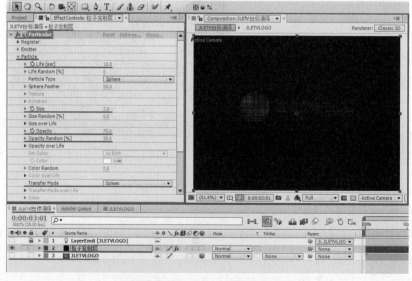

图9-19 Particle（粒子）设置

STEP 05 Physics（物理学）是本实例飘散动画的关键，下面进行详细的设置。将 Physics Time Factor（物理学时间因数）参数值设置为 0.3，进入 Air（空气）中选择 Tubulence Field（扰乱场）选项并展开，设置粒子离散动画。随机填入任何数值后，调整 Affect Size（影响尺寸）与 Affect Position（影响位置）这两项参数，在时间线上拖动游标，通过合成视窗预览我们会发现画面出现了漂亮的粒子随机动画效果，如图 9-20 所示。

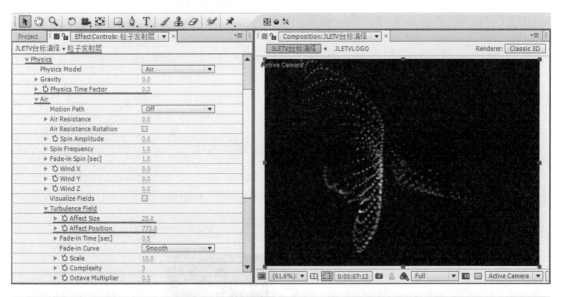

图9-20　调整Affect Size（影响尺寸）与Affect Position（影响位置）参数

> **提示** Tubulence Field（扰乱场）选项下的 Affect Size（影响尺寸）与 Affect Position（影响位置）这两项参数，是本实例设置粒子聚合动画的关键，建议读者在学习本章动画的时候，此处数值可随机填写，因为不同的数值组合，产生的粒子聚合效果也差别很大。

STEP 06 设置 Affect Size（影响尺寸）与 Affect Position（影响位置）参数动画。设置从 0:00:03:00 的时候粒子集合动画开始，在 0:00:03:20 的时候粒子聚合动画结束。将时间线游标移动至 0:00:03:00 处，打开关键帧码表，设置 Affect Size（影响尺寸）值为 16，设置 Affect Position（影响位置）值为 620，如图 9-21 所示；同时将时间线游标移动至 0:00:03:20 处，设置 Affect Size（影响尺寸）值为 0，设置 Affect Position（影响位置）值为 0，如图 9-22 所示。按小键盘【0】键盘选择生成预览动画。

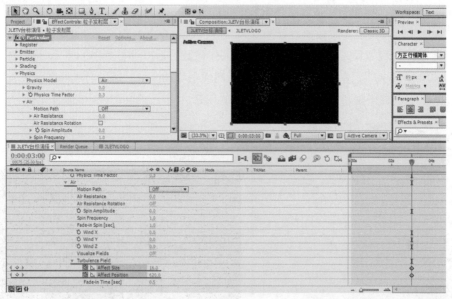

图9-21　设置0:00:03:00处Affect Size（影响尺寸）与Affect Position（影响位置）关键帧

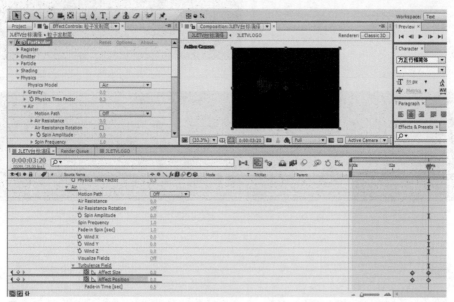

图9-22　设置0:00:03:20处Affect Size（影响尺寸）与Affect Position（影响位置）关键帧

STEP 07 完善画面动画效果，调整Tubulence Field（扰乱场）中的其他相关属性，设置Scale（缩放）值为15，设置Complexity（复杂程度）值为4，Octave Multiplier（倍频倍增）值为5.0，设置Octave Scale（倍频比例）值为1.5，如图9-23所示。

STEP 08 按小键盘【0】键选择生成预览动画，如图9-24所示。这时可以发现画面粒子很少，效果也不是很好，但是已经有粒子聚合的动画效果了，下面的操作将会增加粒子聚合的数量。

STEP 09 设置Emitter（发射器）参数，重新设置Grid Emitter（网格发射）中Particles in X（X轴粒子数）为600，Particles in Y（Y轴粒子数）为359，其他参数不变，如图9-25所示。

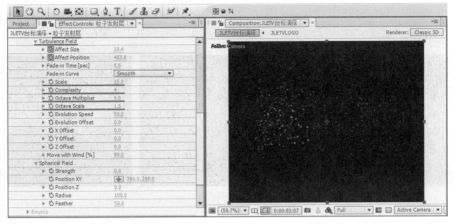

图9-23 设置Turbulence Field（扰乱场）参数

图9-24 预览合成动画效果

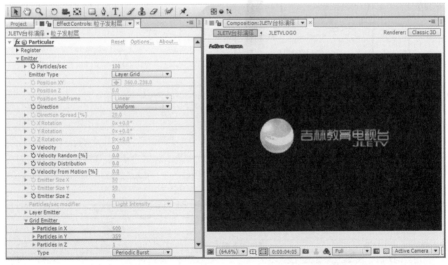

图9-25 重新设置Grid Emitter（网格发射）中Particles in X为600，Particles in Y为359

提示 在前面的操作步骤中已经提到过，适时地增加或者减少粒子的数量会极大地提高工作效率，操作至此，粒子聚合的粒子数量已经确定，所以可以调到想要的参数了。如果机器配置较低，为了提高计算机的运行速度，也可以在最终生成的时候调整此处粒子数量参数。

STEP|10 拖动 Time Line 时间线上的游标观看合成视频效果，发现粒子很小，好像离我们很远，画面构图效果也缺少镜头空间感，这时需要用到摄影机工具。如图 9-26 所示。

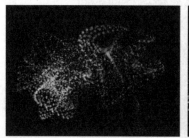 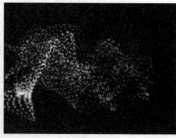 

图9-26　拖动Time Line时间线游标观察视频合成效果

9.4　创建三维摄影机动画

STEP|01 添加三维摄影机。摄像机的作用是控制三维合成时的最终视觉表现。执行菜单栏中的 Layer（层）|New（新建）|Camera（摄影机）命令，在弹出的对话窗口中设置 Name（名称）为"摄影机"，设 Preset（预置）为 28mm，单击【OK】键确定。如图 9-27 所示。

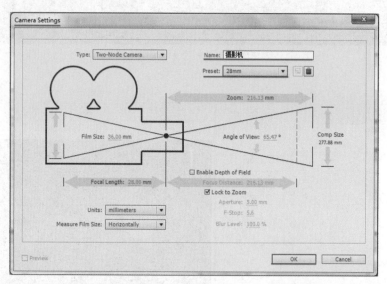

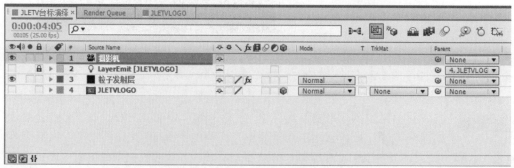

图9-27　Camera Setting（摄影机设置）

提示　After Effects CS6 中摄影机的相关设置参数说明如下。

- **Name**：主要用于为摄像机命名。
- **Preset**：主要用于摄像机预置，在这个下拉列表中提供了9种摄像机镜头，包括标准的35mm镜头、15mm广角镜头、200mm长焦镜头以及自定义镜头等。35mm标准镜头的视角类似于人眼，看到的视角可以达到62度。15mm广角镜头有极大的视野范围，类似于鹰眼观察空间，所以看到的空间也十分广阔，但是会产生空间透视变形。20mm长镜头可以将远处的对象拉近，视野范围也随之减少，只能观察到较小的空间，但是几乎没有变形的情况出现。而28mm的广角视野要比最常见的35mm的视角更宽，因为28mm广角视野是76度视角，因此可以产生很独特的视觉效应，容纳更宽广的场景，本例中所使用的就是28mm广角视野。
- **Units**：主要用于选择控制参数单位，可通过下拉列表有针对性地进行选择，主要包括pixels（像素）、inches（英寸）、millimeters（毫米）三个选项。
- **Measure Film Size**：主要用于改变Film Size（胶片尺寸）的基准方向，包括：Horizontally（水平）方向、Vertically（垂直）方向和Diagonally（对角线）方向三个选项。
- **Zoom**：主要用于控制摄像机到图像之间的距离，Zoom的值越大，通过摄像机显示的图层大小就越大，视野范围反而变得越小。
- **Angle of View**：主要用于控制视角位置。角度越大，视野越宽；角度越小，视角越窄。
- **Film Size**：主要用于设置胶片尺寸。指的是通过镜头看到的图像实际的大小，值越大，视野越大，值越小，视野越小。
- **Focal Length**：主要用于控制焦距设置，指胶片与镜头距离，焦距短产生广角效果，焦距长，产生长焦效果。
- **Enable Depth of Field**：主要用于控制是否启用景深功能，配合Focus Distance（焦点距离）、Aperture（光圈）、F-Stop（快门速度）和Blur Level（模糊程度）参数来使用。
- **Focus Distance**：主要用于控制焦点距离，确定从摄像机开始，到图像最清晰位置的距离。
- **Aperture**：主要用于控制镜头快门尺寸。当快门开的越大，受聚焦效果影响的像素就越多，模糊范围就越大。其参数效果同F-Stop（焦距到快门的比例）之间相互联动。
- **F-Stop**：主要用于控制快门速度，与光圈相互影响控制景深。
- **Blur Level**：主要控制聚焦效果的模糊程度。数值越高模糊程度越高，当其参数为0时不产生模糊效果。

STEP|02 为摄影机指定位移动画。在时间线上单击选择"摄像机"层，展开Transform（转换）选项，将时间线游标移动至0:00:00:13处，打开关键帧码表，设置Position（位移）为360.0，288.0，20，如图9-28所示；将时间线游标移动至0:00:03:22，设置Position（位移）为360.0，288.0，-560。设置完毕按小键盘【0】键生成预览。如图9-29所示。

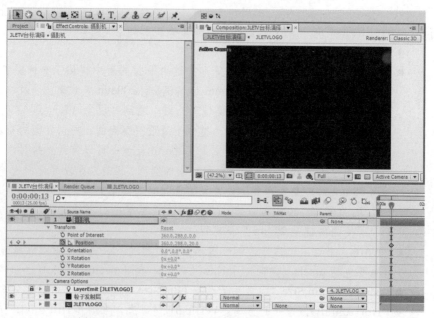

图9-28　设置0:00:00:13处摄影机Position（位移）动画

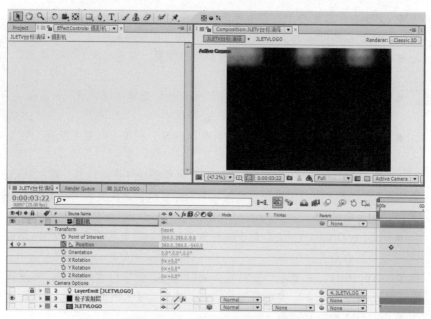

图9-29　设置0:00:03:22处摄影机Position（位移）动画

STEP 03　通过预览之后，可以发现"粒子发射层"添加 Trapcode Particular 插件之后，在粒子聚合落板处"吉林教育电视台"LOGO 颜色与原颜色有色差，所以此处需要做一个不透明度的过度动画效果。同时在时间线上将"JLETVLOGO"层由隐藏变为显示。如图 9-30 所示。

STEP 04　设置不透明度动画，选择"粒子发射层"，将时间线游标移动至 0:00:03:16，打开关键帧码表，设置 Opacity（不透明度）值为 100，如图 9-31 所示；将时间线游标移动至 0:00:03:20，设置 Opacity（不透明度）为值 0，这样就会形成一个 Opacity（不透明度）动画。如图 9-32 所示。

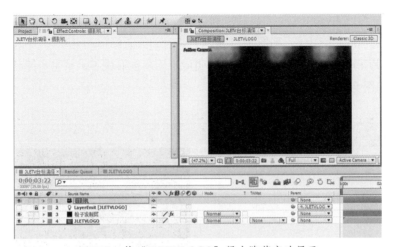

图9-30 将"JLETVLOGO"层由隐藏变为显示

图9-31 设置0:00:03:16处"粒子发射层"Opacity(不透明度)动画

图9-32 设置0:00:03:20处"粒子发射层"Opacity(不透明度)动画

STEP|05 选择"JLETVLOGO"层,将时间线游标移动至 0:00:03:16,打开关键帧码表 ,设置 Opacity(不透明度)值为 0,如图 9-33 所示;将时间线游标移动至 0:00:03:20,设置 Opacity (不透明度)值为 100,另一个 Opacity(不透明度)动画也形成了。单击小键盘【0】键生成预览动画效果。如图 9-34 所示。

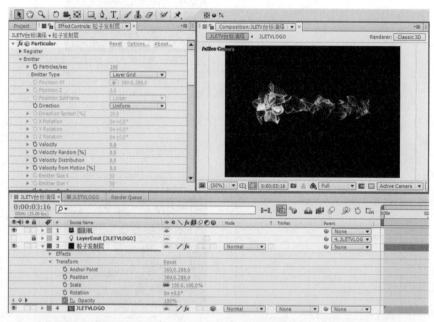

图9-33 设置0:00:03:16处"JLETVLOGO"层Opacity(不透明度)动画

图9-34 设置0:00:03:20处"JLETVLOGO"层Opacity(不透明度)动画

STEP|06 为"JLETVLOGO"层加入 After Effects 自带特效 CC Light Sweep(CC 扫光)效果。在时间线上单击选择"JLETVLOGO"层,执行菜单栏中的 Effect(滤镜)| Generate(生成)|

CC Light Sweep（CC 扫光）命令，这时在 Effects Controls（特效控制）面板上会看到 CC Light Sweep（CC 扫光）特效已经添加到"JLETVLOGO"层之上。同时在画面上也可以看到 CC Light Sweep（CC 扫光）的简单效果。如图 9-35 所示。

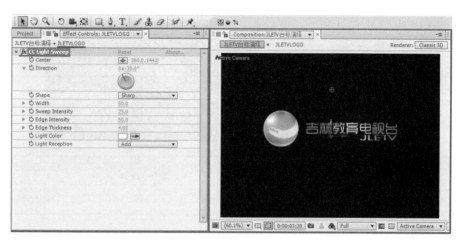

图9-35　加入CC Light Sweep（CC 扫光）特效

STEP|07 设置 CC Light Sweep（CC 扫光）属性参数，因为之前设置的 Opacity（不透明度）动画在 0:00:03:20 结束，所以 CC Light Sweep（CC 扫光）的动画应该从 0:00:03:20 出开始，目的是使画面的动画效果衔接更佳连贯。打开 Center（中心点）与 Direction（方向）关键帧码表，在时间线将游标移动至 0:00:03:20 处，设置 Center（中心点）参数为 35.0，144.0，Direction（方向）为 0x+0.0°，Shape（形状）为 Smooth（光滑），其他参数不变，如图 9-36 所示。

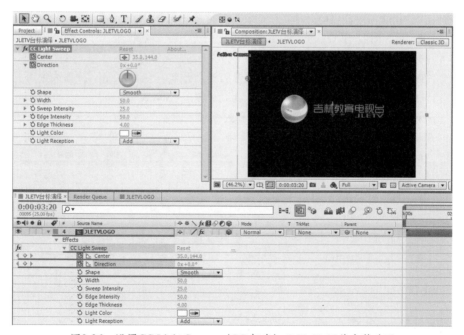

图9-36　设置CC Light Sweep（CC 扫光）0:00:03:20处参数动画

STEP|08 在时间线上将游标拖动至 0:00:04:15 处，设置 Center（中心点）参数值为 600.0，

144.0，Direction（方向）数值为 0x+ -30°，如图 9-37 所示。

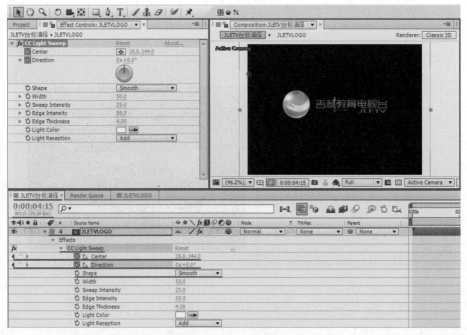

图9-37　设置CC Light Sweep （CC 扫光）0:00:04:15处参数动画

> **提示**　CC Light Sweep（CC 扫光）是 After Effects CS6 自带的滤镜效果，其效果主要以某个点为中心，从一侧向另外一侧以擦出效果做运动，从而产生扫光的效果。CC Light Sweep（CC 扫光）特效中各选项说明如下。
> - Center（中心点）：主要用于设置扫光的中心点位置。
> - Direction（方向）：主要用于设置扫光的旋转角度。
> - Shape（形状）：主要用于设置扫光的形状，从其右侧下拉列表中可见其 3 个选项，Linear（线性）、Smooth（光滑）、Sharp（锐利）。
> - Width（宽度）：主要用于设置扫光的宽度。
> - Sweep Intensity（扫光亮度）：主要用于设置扫光的亮度。
> - Edge Intensity（边缘亮度）：主要用于设置扫光边缘与图像相接处时的明暗程度。
> - Edge Thickness（边缘厚度）：主要用于设置扫光边缘与图像相接时的薄厚程度。
> - Light Color（光线颜色）：主要用于设置产生扫光的颜色。
> - Light Reception（光线接收）：主要用于设置扫光与图像之间的叠加方式。

9.5　添加声音合成渲染输出

STEP 01 导入音频文件，执行菜单栏中的 File（文件）|Import（导入）|File（文件）命令，选

择"第九章音乐"素材,单击打开并将其拖至时间线上。选择小键盘【0】键生成预览效果。如图 9-38 所示。

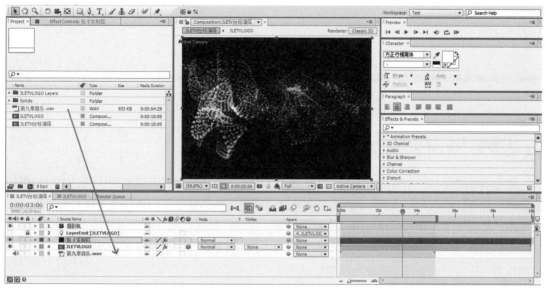

图9-38 导入音频文件

STEP 02 合成完毕,渲染 Targa 序列帧输出。执行菜单栏中的 Composition(合成)|Add to Render Queue(添加到渲染队列)命令。Output Module Settings(输出模块设置)如图 9-39 所示。

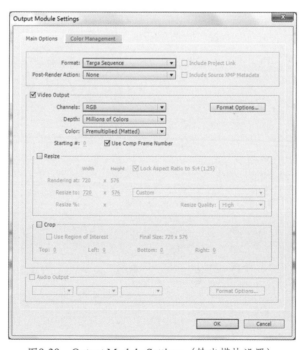

图9-39 Output Module Settings(输出模块设置)

STEP 03 单击【Render】按钮最终渲染输出。如图 9-40 所示。

图9-40 单击【Render】按钮最终渲染输出

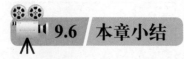

9.6 本章小结

通过本章的学习，主要使大家对 Trapcode Particular 外挂插件有个简单的认识，在平时影视后期的包装设计中，After Effects 的内置插件已经不能完全满足工作需要以及最终视觉效果，所以一些外挂插件的应用不仅仅可以提升制作效果，还可以提高工作效率。当然也不能忽视 After Effects 的内置插件的作用，比如 CC Light Sweep（CC 扫光）这个插件在本例中就起到了画龙点睛的作用，让我们的画面变得更加精美！